江苏省计算机学会立项资助项目
应用型本科计算机类专业系列教材
应用型高校计算机学科建设专家委员会组织编写

软件测试技术与应用

主 编 李 菊 张 丽 王 丽 韦 伟
副主编 朱 俊 孙 勇 林赤海 谢亚丽

南京大学出版社

图书在版编目(CIP)数据

软件测试技术与应用 / 李菊等主编. -- 南京 ：南京大学出版社，2024.9
ISBN 978 - 7 - 305 - 27654 - 5

Ⅰ. ①软… Ⅱ. ①李… Ⅲ. ①软件－测试－自动化技术－教材 Ⅳ. ①TP311.5

中国国家版本馆 CIP 数据核字(2024)第 027441 号

出版发行 南京大学出版社
社　　址 南京市汉口路 22 号　　　　邮　　编　210093
书　　名 **软件测试技术与应用**
　　　　　RUANJIAN CESHI JISHU YU YINGYONG
主　　编 李 菊 张 丽 王 丽 韦 伟
责任编辑 苗庆松　　　　　　　编辑热线　025 - 83592655
照　　排 南京开卷文化传媒有限公司
印　　刷 江苏凤凰通达印刷有限公司
开　　本 787 mm×1092 mm　1/16　印张 15　字数 380 千
版　　次 2024 年 9 月第 1 版　2024 年 9 月第 1 次印刷
ISBN 978 - 7 - 305 - 27654 - 5
定　　价 45.80 元

网　　址：http://www.njupco.com
官方微博：http://weibo.com/njupco
微信服务号：njuyuexue
销售咨询热线：(025)83594756

前　　言

　　软件已经成为现代社会不可或缺的一部分,无论是在日常生活中还是在商业领域,软件都发挥着关键作用。软件的质量对于确保安全、提高效率以及提供卓越的用户体验至关重要。然而,软件的质量问题仍然是一个普遍存在的挑战,不仅会导致经济损失,还可能对个人和组织的声誉造成重大影响。

　　在此背景下,软件测试成为确保软件质量的关键活动。软件测试不仅仅是找出程序中的错误,还是帮助改进软件质量的过程。通过测试,可以发现并修复潜在的问题,确保软件在不同环境和使用情况下都能正常运行。

　　本书《软件测试技术与应用》旨在为您提供深入了解软件测试技术和自动化测试实践的全面指南。将介绍各种软件测试方法、技术和最佳实践,以帮助您更好地理解软件测试的重要性以及如何在不同情境下应用。本书在编写上通过采用简洁的语言将软件测试、测试项目管理和自动化测试的核心内容进行呈现。

　　主要内容包括:

　　软件测试与软件质量:从基础开始,介绍软件测试的基本概念,包括测试类型、测试模型等。将了解到不同类型的测试,如单元测试、集成测试、功能测试、性能测试、本地化测试等的测试过程和测试方法。

　　测试项目管理:了解如何制定测试计划,进行测试需求分析,以确保全面覆盖软件的各个方面,并管理测试项目的测试执行过程,包括测试用例执行和问题单跟踪。

　　自动化实践:自动化测试是提高测试效率和一致性的关键工具。了解如何使用 pytest 实现单元测试,使用 Selenium 和页面对象模型实现 Web UI 的自动化测试,使用 JMeter 实现性能测试,并配套有测试脚本代码文件。

　　本书可以作为普通高等院校、应用型高等院校、高职高专院校的计算机相关专业的教材,同时也可供从事软件开发及测试工作的人员,以及对软件测试有兴趣的读者参考与学习。本书由南京理工大学紫金学院的李菊、张丽、王丽和韦伟主编,李菊负责全书的统稿。南京工业职业技术大学的朱俊、南京理工大学紫金学院的孙勇、凯易讯网络技术开发(南京)有限公司的林赤海、中博信息技术研究院有限公司的谢亚丽为副主编。本书的出版得到了中博信息技术研究院有限公司与东软集团南京有限公司的技术支持。由于编者水平有限,在教材的编写过程中难免有疏漏之处,恳请广大读者批评指正。

编　者

2024 年 6 月

目　　录

第一篇

软件测试与软件质量

　　为什么要进行软件测试？最简单的原因是为确保软件的质量。如果软件测试任务没有很好地完成，产品的质量就无法保证。现如今软件产品在生活中无处不在，作为软件工程中不可或缺的重要部分，软件测试的必要性也越来越明显。

　　本篇共有 5 章。

　　第 1 章　软件测试：以事件引出为什么要进行软件测试；软件测试学科如何形成以及正反两学派的观点；软件测试的定义；什么是软件缺陷以及典型的软件测试模型。

　　第 2 章　软件质量：介绍了软件质量概念和评价体系；软件质量标准 ISO/IEC/IEEE 12207 标准；软件能力成熟度模型；软件如何全面质量管理；以及 ISO 9000 和六西格玛项目管理；软件质量保证的相关知识。

　　第 3 章　单元测试与集成测试：介绍了单元测试的目标和任务，重点介绍静态测试、程序插桩测试、逻辑覆盖测试、基本路径测试、集成测试。

　　第 4 章　系统测试：主要包含系统测试概述和功能测试的方法；性能测试指标，类型，过程，结果分析和工具的简介。本地化测试：国产软件如何走向国际，本地化缺陷类型，本地化测试要点。其他非功能测试，如安全性、兼容性、可靠性、容错性测试。

　　第 5 章　验收与转维护测试：主要包括验收测试概述，验收测试策略，如何安装升级测试以及版本转维护测试。

【微信扫码】
本篇配套资源

第 1 章

软件测试基本概念

1.1 软件测试概述

1.1.1 软件问题导致的事故

2019 年,国内某电商平台推出用户可领 100 元无门槛券的活动,但是很快大家发现并不能申领成功,该平台出面澄清,此次事件系不法分子利用平台漏洞盗取的相关优惠券,并非无门槛优惠券,而是该平台此前与一档电视节目开展合作时,因节目录制需要特殊生成的优惠券类型,仅供现场嘉宾使用。

2021 年,在美国某州发生一场无人驾驶导致的车祸,本次事故造成两人死亡。这件事情在社会上引起了较大反应,民众的主要关注点在于自动驾驶在实际使用中是否安全,在汽车上市之前是否进行了全面的测试,以及导致事故发生的根本原因。

从以上两个案例中可以发现,软件测试如果不够充分,容易导致软件故障,严重的甚至造成不良的社会影响,损坏品牌形象。

1.1.2 中国 C919 大型客机研发历程

C919 大型客机是我国首款按照最新国际通行适航标准自行研制,具有自主知识产权的喷气式干线客机,专为短程到中程的航线设计,于 2008 年开始研制。

2017 年 4 月,C919 在上海浦东国际机场进行首次高速滑行测试。地面滑行是飞机首飞前的最后一关,为保证试验安全,地面滑行采取从低速到高速的渐进过程。只有当地面滑行所验证的结果完全符合预期,滑行过程中暴露的各种问题得到妥善解决后,飞机才能够进行首飞。同年 5 月,在顺利通过测试之后,C919 在上海浦东国际机场完成首飞。

2021 年 1 月,C919 大型客机高寒专项试验试飞任务在呼伦贝尔市圆满完成。高寒试验试飞是民用飞机必须通过的一项极端气候试验,以验证飞机在极寒气象条件下各系统和设备的功能以及性能符合适航标准,是 C919 取得 TC 证(型号合格证)的必考科目。试验团队抓住 3 次低温窗口时段,成功进行试验试飞。

2022 年,C919 国产大飞机首次飞抵北京首都国际机场,获颁型号合格证。10 月市场监管总局正式批准依托中国商用飞机有限责任公司成立国家商用飞机产业计量测试中心。12月 C919 全球首架机正式交付中国东方航空。

C919 大型客机经过多年研发和严格测试,使得我国商用飞机产业的创新链、价值链、产业链得到极大的拓展和延伸,同时带动了新材料、现代制造、电子信息等领域技术的集群性突破,提升了国内商用飞机机体结构、机载系统、材料和标准件配套能级。C919 大型客机实现中国航空工业的重大历史突破,让中国的大飞机飞上蓝天,是几代航空人始终遵循从航空救国、航空报国再到航空强国的不断奋进。

1.1.3 为什么要进行软件测试

软件问题导致的事故揭示测试是十分重要的环节,中国 C919 大型客机研发历程说明充分的测试是使得质量得以保证的关键。研究结果表明:越早发现软件中的问题,最终的成本会越低;当编写代码完成后,修复软件缺陷所需的成本一般比代码编写完成前高,软件产品交付后修复软件缺陷的成本比软件交付前高;软件的质量越高,软件发布后的维护成本越低。此外,根据信息技术(Information Technology,以下简称 IT)企业相关数据统计,其软件测试费用占整个软件工程所有研发费用的一半以上。

测试是所有工程学科的基本单元,同时也是软件开发的重要模块。从程序设计初始,测试就伴随着软件开发整个过程。软件测试在软件产品开发中占据了十分重要的位置,也是软件行业实践几十年的真理,包含着从大量现实事故中得到的教训。以微软为例,微软的操作系统(如 Windows 95 和 Windows 98)偶尔会因为崩溃而死机,但后续的产品(如 Windows 7 和 Windows 10)比之前的版本稳定性更强,因而很少出现死机。其原因就是微软非常重视测试,在测试方面投入了大量的人力和资金。而且,随着测试工作人员工作能力的增强,测试过程变得更标准化,测试变得更有效。由于对软件测试重要性的明确认识,微软的产品质量有了显著提高。

因此,进行软件测试十分必要。只有找到缺陷,将其从软件产品中移除,以确保软件中的问题得到纠正,最终才能确保软件符合质量要求并得到客户的认可。

1.1.4 软件测试学科的形成

1972 年,Bill Hetzel 博士在美国北卡罗来纳大学组织了第一次关于软件测试的正式会议。从那时起,在软件工程的研究以及实践中,软件测试开始频繁出现,同时也标志着软件测试作为一门学科正式诞生。1973 年,Bill Hetzel 正式定义了软件测试就是"建立足够的信心,使程序能够按预期运行"。1983 年,Bill Hetzel 认为最初的定义不够清晰明确,难以理解,于是他将软件测试的定义修订为"软件测试是评估程序或软件系统的特征或能力,并确定其是否达到预期结果的一系列活动"。在上面两次对软件测试的定义中,至少可以看到以下内容。

(1)测试是验证软件是否"正常工作"的尝试,即验证软件功能实现的正确性;

(2)测试的目的是验证软件是否满足预先定义的需求;

(3)测试活动基于人们的"假设"或"预期结果"。这里的"预想的"或"预期的结果"指的是需求定义或软件设计最终结果。

从那时起,随着国际标准(IEEE/ANSI)的制订,以及软件测试集成到软件开发过程中,软件测试获得了快速发展。独立的团队承担软件测试,使其成为软件开发中不可缺少的重要部分。软件测试不仅在开发公司中起着重要的作用,在大学里也成为一门独立的学科。

1.1.5 正反两学派的观点

Bill Hetzel 给出软件测试较为权威的定义,但他的想法也受到业界一些专家质疑,尤其是 Glenford J. Myers,其代表论著是《软件测试的艺术》。Myers 的想法与 Bill Hetzel 相反,在 1979 年,Myers 从反向的角度给出软件测试的定义。Myers 认为:测试是为发现错误而执行程序或系统的过程。根据该定义中思想,可以发现软件测试不应该专注于验证软件是否工作,而是应该使用逆向思维来尽可能多地发现错误。他认为,从心理学的角度来看,如果测试的目的是"验证软件是否正常工作",那么测试人员发现软件错误是非常难的。因此,根据他给出的定义,则假定软件总是有 Bug 的,并且测试就是为了发现 Bug,而不是像之前那样证明程序中没有 Bug。发现问题说明程序有问题,但如果没有发现问题,并不意味着问题不存在,而是说明软件中潜在的问题到目前为止还没有被发现。

人的工作活动一般具有较强的目的性,确立工作活动的明确目标具有十分重要的心理作用。如果测试任务是为证明程序没有错误,人类的潜意识可能会不自觉地朝这个方向去做,从而在测试的整个过程中,心理上会刻意避开会让程序出错的测试样本点,而选择一些常用的样本点,从而使得测试容易通过,然而实际上,虽然进行测试,却不能发现问题的情况是存在的。如果测试的目标是发现程序中的错误,将尝试选择可以在程序中发现错误的样本点。

Myers 给出的软件测试定义,在思想上是引导人们去证明软件"不行",用逆向思维的方式不断找碴,依据系统的弱点,试图破坏系统,并以发现系统中的各种问题为目标。最终测试的结果将更具有实际意义,这样也更能获得软件质量的提高。

1.2 软件测试的定义

1.2.1 IEEE 软件测试的定义

在 1983 年 IEEE 的专业术语中,软件测试被定义为:以验证软件系统是否满足规定的要求或找出预期结果与实际结果之间的差异为目的,以手动或自动的方式运行或测量软件系统的过程。这个定义清楚地表明,软件测试的目的是验证软件系统是否满足需求。它不再是一次性的、处于软件开发后期的活动,而是集成到整个开发过程中。

后期将该定义扩展为:在软件投入运行之前,对软件需求分析、设计规范和编码的最终审查。这就是软件测试,也是保证软件质量的关键步骤。

首先,设计测试用例,测试用例中包括输入数据和预期输出结果,测试用例的设计依据软件开发过程中的规范以及代码的内部结构;然后,利用设计出的测试用例测试软件,发现软件错误。广义的软件测试包括确认、验证和测试,确认、验证和测试是齐头并进的。

(1)确认:在规划阶段、需求分析阶段以及测试阶段,需要评估所要开发的产品是否正确、可行和有价值。这就意味着确保要开发的软件是正确的。它是对软件开发构思的提前测试。

(2)验证:在设计阶段、编码阶段,需要测试软件开发各阶段和步骤的结果是否正确,以及其各阶段的需求和预期结果相同。验证意味着软件开发过程朝着正确的方向发展,同时能确保软件的需求得以满足。

（3）测试：在编码阶段和测试阶段，也即狭义的软件测试。

1.2.2 基于用户需求的软件测试

前文中关于软件测试正反两个学派的观点，分别是验证软件工作以及试图找出它不能工作的讨论，集中在从正向或逆向思维的角度定义软件测试。这两种定义都有相同的基本点，即如何判断软件是否正常工作。在软件测试中，依据用户的需求建立判别的标准，即软件是否存在缺陷。符合用户要求是软件的基本功能，如果不能满足用户的实际需求，那就是缺陷，所有的软件产品都应该按照用户的实际需求进行设计。

从上面的表述中可以发现，用户在整个过程中十分重要，那软件测试能不能由用户来完成呢？显然答案是否定的，因为不同的软件产品所对应的用户不同，行业和专业差异非常大，因而软件测试必须由专业的软件测试人员来完成。软件开发过程中，需求分析阶段十分重要，该阶段是按照用户的需求来编写软件规格说明书规范以及确定软件功能。需求分析阶段使软件开发人员明白用户需要什么功能，制作什么软件。从这个角度来看，软件测试是为验证软件开发人员开发的软件产品是否按照软件规格说明书，也即是否按照用户的需求。

1.2.3 基于风险的软件测试

为更好、更全面地理解软件测试的含义，也可以从其他角度更进一步分析软件测试，其中最突出的角度就是风险角度和经济角度。软件测试具有一定程度的风险，主要因为无法证明软件是准确无误的，所以评估软件系统中各种潜在风险是软件测试的主要任务。

从风险的角度来看，为将软件发布时存在风险的概率降至最低，软件测试需要对风险进行持续的评估，并且指导软件开发的工作。假如，将测试的整个过程看作监控过程，测试就是监控软件开发全程，随时发现不正常状态，发现问题并上报问题的过程。然后再重新评估新的风险，设定新的监测基准，并继续下去，包括回归测试。此时，软件测试就是软件质量控制的一个关键。

从测试的风险视角来看，在尽最大努力进行测试的同时，需要集中精力，平衡风险与开发周期的限制。首先评估测试的风险：每个软件功能出错的概率是多少？根据 Pareto 原则，即 80/20 原则，用户最常使用的 20% 功能是哪些？如果一个功能失败，它对用户的影响具体有多大？然后根据风险的大小对测试进行优先级排序。对于具有高优先级的那些功能，首先执行测试。一般来说，对用户最常使用的 20% 的功能（高优先级），将测试得更加全面，而对低优先级功能，也就是另外 80% 用户不常使用的功能，测试将由于时间或成本的限制而要求更低，工作量更少。

1.2.4 软件测试的经济学观点

上一小节的说法反映了测试的经济学观点，因此测试的风险观点与经济学观点有着十分紧密的联系。从经济的角度来看，测试不应该在软件代码写完之后才开始，而是从项目的第一天开始，测试人员全程跟进，及时发现出现的缺陷，并督促和帮助开发人员进行修复。因为软件测试尽早完成，就会越早发现缺陷，需要返工的工作就越少，造成的经济损失也就越少。因此，测试的经济学观点是以最低的成本获得最高质量的软件产品，这是风险观点在软件开发成本中的体现，通过风险控制来降低开发成本。

1.3　软件缺陷

1.3.1　第一个 Bug

第一个 Bug 是 1947 年在哈佛大学发现的。当美国科学家格蕾丝·赫柏(Grace Hopper)和其团队的计算机突然停止工作时,工作人员查找问题,最后发现一只飞蛾意外飞入了其中一台计算机。Bug 原指飞虫,也是计算机术语,意思是由于程序错误,软件运行过程中发生异常操作,导致系统崩溃、突然中断或数据丢失等问题。后来,Bug 被用来描述计算机和软件中的潜在错误,如图 1.1 所示。飞蛾事件也激发了格蕾丝·赫柏开始用 Debug 来描述解决软件漏洞的动作和过程,因此她被称为"计算机程序之母"。

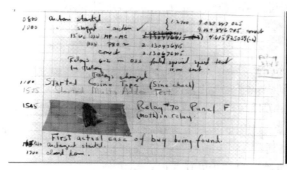

图 1.1　第一个软件缺陷和格蕾丝·赫柏

1.3.2　软件缺陷的定义

软件错误、软件缺陷以及软件失效这三个概念很容易混淆和难以区分,接下来将介绍三个概念之间的区别。软件和人一样,都会出现错误,而发生错误的原因有很多种,例如:

(1) 时间紧迫的压力;

(2) 人本身容易出错;

(3) 项目参与者缺乏经验或者软件开发技能不足;

(4) 项目参与者之间沟通不畅,包括需求和设计之间的沟通不畅;

(5) 代码、设计、架构、需要解决的潜在问题或需要使用的技术的复杂性;

(6) 对系统内和系统内接口的误解,特别是在系统内和系统间交互数量较大的情况下;

(7) 新技术和不熟悉的技术。

软件缺陷是指计算机软件或程序中存在的破坏其正常运行能力的问题、错误或隐藏的功能缺陷。这种缺陷的存在会导致软件产品在一定程度上不能满足用户的需求。IEEE 对缺陷有一个标准的定义,该定义从产品的内部看,缺陷是软件产品开发或维护过程中出现的错误、缺陷等问题;从产品的外部来看,缺陷是系统需要实现的功能的失败。在一个工作产品中引入的缺陷会导致其他相关工作产品中的缺陷。例如,由需求引起的错误可能导致需求缺陷,需求缺陷又可能导致编程错误,从而导致代码中的缺陷。在软件开发生命周期的后期,修复检测到的软件错误的成本会更高。

1.3.3　软件缺陷的构成

造成软件缺陷的原因有很多。一般有初步设计分析结果、软件产品规范书、系统设计结果、程序代码等,通过调查发现软件产品规范书是导致软件缺陷最常见的因素。

为什么软件产品规范书是导致缺陷最多的地方?主要原因如下:

(1) 用户作为非计算机专业的其他人员。由于其专业或行业和软件开发人员有非常大的差异,会导致彼此之间沟通以及互相理解上存在较大困难,同时软件产品的功能需求和实际问题之间存在巨大差异。

(2) 完全靠想象描述设计开发软件产品,必然会导致一些功能不够清晰。

(3) 甲方需求随着时间不断变化,导致前后不一致。如果在软件产品规范书中没有正确描述这些变化,很容易造成前后矛盾。

(4) 对规范重视不够,在规范设计和编写方面投入的人力、时间不够。

(5) 整个开发团队之间沟通不足,设计师或项目经理获得信息未及时与团队人员沟通。

1.3.4　80/20 原则

19世纪末20世纪初的意大利经济学家、社会学家帕累托(Viverito Pareto)提出的"80/20 原则",在管理术语中,"80/20 原则"是根据"重要的少数 vs 微不足道的许多"的原则对事物的重要性进行排序。一般的观点是,在任何给定的群体中,通常只有少数因素起作用,大多数因素不起作用,所以如果能控制几个重要因素,就能控制整个种群。

在软件测试中,懂得"80/20 原则"可以帮助节省很多精力。

(1) 80%的错误是由 20%的模块引起

简单易操作的模块或功能很少会出现太多的 Bug,对于一些逻辑复杂的关键模块,往往会导致系统出现 80%的错误。只有关键模块是稳定的,整个系统才能真正实现鲁棒性和稳定性。"80/20 原则"是站在用户的角度而不是开发实现的角度,将重要的功能模块选择出来,作为测试的正确方向和重点。

(2) 80%的测试成本用于 20%的软件模块

当设计测试用例时,工程师的工作通常由每天的用例数量来衡量。用例的数量与需求相关,通常很少有影响软件架构设计的需求描述。如此现实情况下,在设计测试用例时考虑软件的概要设计和详细设计特别重要。如果用例设计人员为了达到用例的数量,通过大量复制用例,修改个别字眼,而没有真正去设计高效的测试用例,那么用如此用例来对待复杂的 20%的核心模块,将不可避免地导致在测试执行期间遗漏一些严重的错误或者关键 Bug。

(3) 80%的测试时间用于 20%的软件模块

预先的测试设计和思考可能是耗时的,尤其是复杂的模块,并且产生的用例的数量可能并不大。对于复杂的或全新的系统,必须投入足够的时间来确定设计。早期方案和用例的设计时间越短,之后的风险越大。

1.3.5　PIE 模型

什么是 PIE 模型呢?为了真正了解 PIE 模型,需要深入了解 Bug。Bug 是指由于程序错误,软件运行过程中发生异常操作,导致系统崩溃、突然中断或数据丢失等的问题。Bug

常见的类型：

（1）Fault：静态存在于软件中的缺陷，如代码编写错误。

（2）Error：软件运行时，运行到 Fault 触发产生错误的中间状态。

（3）Failure：Error 传到软件外部，使得用户或测试人员观测到失效的行为。

下面以"计算数组均值"的代码为例加以说明：

```
public static void CSta (int[ ] numbers)
  {
    int length = numbers.length;
    double mean, sum;
    sum = 0.0;
    for(int i = 0; i < lenghth; i ++)
    {
     sum t = numbers[i];
    }
    mean = sum/(double)length;
    System.out.print/n(" mean:" + mean);
  }
```

假设循环的初始条件 $i = 0$，错误地写成了 $i = 1$，这是一个 fault，设数组值输入为[3,4,5]，执行了这个 fault 触发了一个错误的中间状态，即 sum = 9，这个错误的中间状态，即 error，最终 error 传播出去变成了一个 failure，即 mean = 4。

但是，值得注意的是，程序未必能执行到 fault 的位置，如 fault 存在于分支代码中，而分支代码正好不被选择到；即使执行到 fault 的位置也不一定触发 error，例如当数组的输入为[0,4,5]的情况；即使执行到 fault 的位置，也触发了 error，但不一定会表示为 failur，如 fault 的位置变换了，fault 为数组初始长度写错："int length = numbers.length−1；"，此时数组的输入为[3,4,5]，我们是观察不到 failur 的。

再看看 PIE 模型的定义，它的三个必要条件：

（1）Execution/Reachability：执行必须通过错误的代码。

（2）Infection：在执行错误代码时必须触发一个错误的中间状态。

（3）Propagation：错误的中间状态必须传播到最后输出，使得观测到的输出结果和预期结果不一致，即失效。

因此 PIE 模型指的是代码执行到 Fault，感染产生 Error，传播出去，可以观测到 Failure 的失效行为。

1.4　软件测试模型

1.4.1　V 模型

20 世纪 80 年代末，V 模型由 Paul Rook 提出。作为瀑布模型的 V 模型，其主要描述开发的基本过程和其中的测试。以"编码"为黄金分界线的软件测试的 V 型模式，将整个软件设计划分为开发模块和测试模块，并且它们之间是串行的关系。

V 模型的主要价值是它非常清楚地标识存在于测试过程中的不同级别,并将测试模块与开发过程的各个模块之间的关系清楚地描述出来。如图 1.2 所示,根据组件测试的预设计划执行测试用例,这是组件测试模块,用以检查程序的内部结构是否正确。根据集成测试的预设计划测试程序是否满足软件设计的要求,重点测试不同模块的接口,这是集成测试模块。检查系统的功能、性能和软硬件环境是否满足系统要求,这是系统测试。确认软件产品能否满足用户需求,这是验收测试。

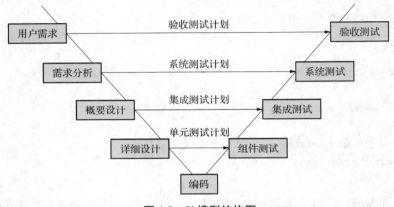

图 1.2　V 模型结构图

V 模型的优点是清晰地标记软件开发和测试的各个模块,并且每个模块都有明确的分工,这种划分方式使得对整个项目进行控制变得十分简洁。V 模型的缺点是最后才进行测试,由于没有在需求阶段、系统设计等前期活动中进行测试,从而导致忽略测试的验证和确认功能,进而后期出现软件缺陷的概率大大提升。

1.4.2　W 模型

W 模型是改进的 V 模型,增加了在软件开发的所有阶段都同步进行测试活动的步骤。如图 1.3 所示,W 模型由两个 V 型模型拼接而成,其中一个代表测试过程,另一个代表开发过程。

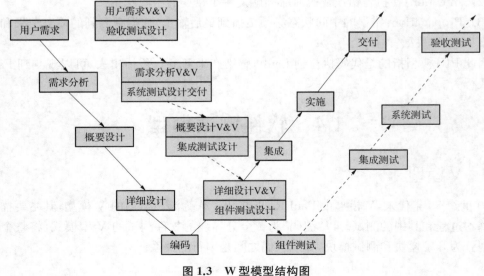

图 1.3　W 型模型结构图

该图清楚地显示了测试和开发之间的紧密伴随关系。最后测试的目标包含需求定义、系统设计，程序代码等一系列内容。例如，测试人员在需求分析完成之后应该参与需求的验证和确认，以尽可能早地识别缺陷。同时，为了了解项目难度，依据风险及早制定应对措施，都应该进行需求测试，这种方式有利于大大缩短整体测试时间，加快整体项目的进度。

W 模型由 V 模型的发展而来。在 V 模型中，开发和测试是串行的，而在 W 模型中，开发和测试是并行的。虽然开发和测试是并行的，但因为开发是直到前一阶段完全完成才能进入下一阶段，因而开发阶段还是串行的，而且不支持敏捷模式开发。如果需求发生变更，开发和测试的线性关系必然会带来很大不便。如果没有说明文档，W 模型根本无法执行。在这种模型下，对专业人员的技术要求更高。

1.4.3　敏捷测试

敏捷测试是指在敏捷开发环境下的测试实践，该测试实践遵守敏捷开发原则，符合敏捷测试思想。测试专业人员的专业技能、与用户和其他人员的高效沟通以及优秀的测试框架这三个部分是敏捷测试的重点。敏捷测试技术不仅关注设计文档和测试用例，还非常重视测试过程中对系统本身的实际操作和验证。敏捷测试的主要目标是确保在短周期的迭代开发过程中，系统的每一个部分都能及时发现并解决问题，从而保证整体软件质量。敏捷开发中很重要的一部分是敏捷测试，测试伴随着敏捷开发的整个流程，通过敏捷测试可以高效的提升软件质量。

敏捷测试具有敏捷开发的鲜明特征，如测试和验证测试都有利于软件开发。敏捷测试的核心是测试驱动开发。在编写代码之前先编写测试用例，确保每一段代码都有对应的测试。

这也表明，相比于基于整个团队协同努力的软件测试，在敏捷测试中，一般不会有全职的测试人员来专门负责敏捷测试，设计工作、代码工作、测试工作都可以由个人申领。敏捷测试与传统测试具有明显的差异，具体可以概括如下：

（1）传统测试侧重开发与测试分开，敏捷测试强调开发和测试紧密集成。

（2）传统测试侧重于模块化处理，敏捷测试侧重于跨职团队的协作。

（3）传统测试侧重于测试的规划，按规划进行工作，而敏捷测试更侧重测试过程中的机动性，可以实时适应需求的变化。

（4）传统测试侧重于发现缺陷，而敏捷测试更强调通过持续反馈和改进来提升软件质量。

（5）传统测试兼顾自动化和手工测试，敏捷测试更强调自动化测试以提高效率和提供快速反馈。

1.4.4　测试驱动开发

测试驱动开发（Test Driven Development，TDD），顾名思义就是先进行测试，后进行开发的一种方法，也就是敏捷方法。测试驱动开发的思想与传统的思想相反，传统测试方法下，一般为先有代码再有测试。测试驱动开发的思想是将设计测试脚本和测试用例放在代码编写之前。测试驱动开发在敏捷方法中被称为"测试第一的开发"，而在 IBM Rational 统一过程（Rational Unified Process，RUP）中被称为"测试第一的设计"。以上不同的表现给出了测试驱动开发的思想。

测试驱动开发就是首先思考各种应用场景、前提条件，鼓励开发人员提前思考，写出更完美的代码，从而提高开发人员的工作效率。其次，保证了测试的独立性以及测试的客观性和全面性的同时不受软件实现思维的影响。最后,它还确保所有代码都是可测试的,并且每一行代码都经过测试,来确保代码的质量。

　　测试驱动开发实现流程如图 1.4 所示。当准备添加一个新特性时,不能急于编写代码。要考虑具体的条件、场景等,并为要编写的代码编写一个测试用例。然后测试用例在集成开发环境或相应的测试工具执行后,结果失败,则利用之前未通过测试的错误消息反馈,理解代码为什么没有通过测试用例,并逐步添加代码。为使测试用例顺利通过,代码被补充和修改,直到代码满足测试用例的需求。如果所有测试用例都成功执行,则表示新增加的功能通过了单元测试,可以进行下一步。

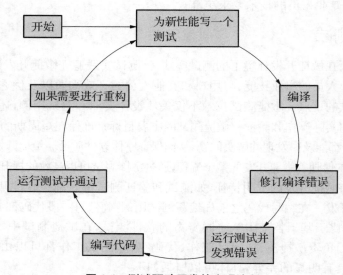

图 1.4　测试驱动开发的实现流程

第 2 章

软件质量

2.1　软件质量概述

2.1.1　软件质量概念

IEEE 对软件质量的定义是：与软件产品满足规定的和隐含的需求能力有关的特征或特征的全体。也即系统、组件或过程满足客户用户需求的程度。这个定义相对客观，强调产品（或服务）与客户/社会需求的一致性。

《软件工程术语》(GB/T 11457 - 2006)对软件质量的定义是：(1) 软件产品中能够满足给定需要的性质和特性的总体；(2) 软件具有所期望的各种属性的组合程度；(3) 顾客和用户觉得用户满足其综合期望的程度；(4) 确定软件在使用中将满足顾客预期要求的程度。

综上所述，正如 CMU SEI 的 Watts Humphrey 所指出的，"软件产品必须首先提供用户需要的功能，如果做不到这一点，就没有必要制造产品。其次，这个产品必须能够正常工作。如果产品中有很多缺陷，不能正常工作，不管它有多好都没有实际意义。"

在多大程度上满足了各种涉众的显性和隐性需求，提供的价值有多少，这就是系统的质量。质量模型中所表示的功能、性能、安全性、可维护性等内容正是其需求，该模型将产品质量划分为特性和子特性。质量模型决定了在评估软件产品的属性时应该考虑哪些方面的特征，也是软件产品质量评价体系的基础。ISO/IEC 25010 定义的软件产品质量模型包括以下八个重要特征：功能适应性、性能效率、兼容性、易用性、可靠性、安全性以及可维护性和可移植性，每个特征都由一组相关的子特性组成，具体如图 2.1 所示。

2.1.2　软件质量评价体系

在生活中，如果问大家对某些软件的评价，得到的答案大部分为以下几种：软件好用、软件功能齐全、整体结构合理及功能分布层次分明。然而，从专业角度来分析，这些评价比较模糊，这些词语用来评价软件质量也不准确，对于软件产品的企业后期提升软件质量也没有相应的参考价值，而且这也不能作为用户真正购买软件的具体依据。因而对企业来说，软件开发公司根据实际用户需求开发出相应的软件产品，按期完成并交付使用，系统正确执行用

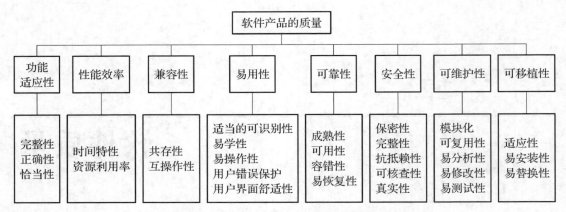

图 2.1 ISO/IEC 25010 软件产品质量模型

户指定的功能。仅仅满足这些要求是远远不够的,因为在现实中企业使用软件时,经常会出现以下问题:

(1) 用户定制软件可能难以理解和修改。

(2) 用户购买的软件质量存在疑问。

(3) 软件开发公司针对用户定制软件缺乏历史数据作为指导,所有的进度和成本估计都是粗略的。

如何进行软件质量的度量? 一般来说客户需求是软件质量度量的基础。因此,有必要建立专业的标准用以评价软件的质量。美国 B.W. Boehm 和 R. Brown 先后提出了三层次的质量度量模型:软件质量元素、评价标准、度量。随后,G. Mruin 提出了软件质量度量技术。波音公司在软件开发过程中采用了软件质量度量技术,日本电气股份有限公司也开发出了自己的软件质量度量工具,在成本控制和调度方面取得了很好的效果。

软件质量的度量主要包含三部分内容:

(1) 软件质量元素,可以分解为 8 个元素,功能适应性、性能效率、兼容性、易用性、可靠性、安全性、可维护性和可移植性。

(2) 评价标准,包括准确性(软件计算和输出准确要求),稳健性(软件在发生事故时能够继续执行和恢复系统的要求),安全性(保护软件免受意外或故意访问、使用、修改、破坏或泄露的要求),以及有效通信、有效处理、有效设备、可操作、可训练、完整、一致、可追溯、可见、硬件系统的独立性、软件系统的独立性、可扩展、共享、模块化、清晰、自描、简单、结构、产品文档完整性等。

(3) 度量,为了实现对软件产品开发过程的质量控制,需要对每个阶段制定调查问卷,包含根据软件需求分析的调查问卷、概要设计的调查问卷、详细设计的调查问卷、实现的调查问卷、装配测试的调查问卷、确认测试的调查问卷、维护和使用的调查问卷。对于企业来说,由于软件的质量大部分取决于用户实际的参与程度,监控软件开发过程中各个环节和产品各阶段的进度是十分重要的,所以无论是软件的定制化还是购买软件后的二次开发,都需要用户真实的参与。

这里有几点需要说明。

(1) 不同类型的软件,例如,各行业管理类软件、各专业教育类软件、操作系统软件、自动控制类软件、网络软件等类型的软件,在各种类型软件下,每种类型的软件质量要求、评价标准、度量标准等有不同的问题,应该自行区分。

(2) 企业在选择软件供应商和开发人员时,需要检查其是否建立了自己的软件质量衡量和评价数据,数据库中是否包含与企业行业相关的软件,是否有相关的软件产品开发经验。

(3) 每个阶段软件质量度量的根本目的是控制成本和进度,提高软件开发的效率和质量。

2.2 软件质量标准

2.2.1 标准定义及分类

标准是对科学、技术和经济领域中反复出现的事物的普遍接受的统一规范。标准的制定必须以科技成果和实践为依据。根据经验,由主管部门批准并以具体形式印发,作为各方遵循的准则。国际标准化组织(International Organization for Standardization,ISO)将标准定义为:"一种具有强制性要求和指导性功能的文件或系列文件,包括详细的技术要求和相关的技术解决方案,其目的是使相关产品或服务达到一定的安全标准或市场要求。"标准是对重复性事物和概念的统一定义。

按适用范围,划分为以下五类标准:

(1) 国际标准;

(2) 国家标准;

(3) 地方标准;

(4) 行业标准;

(5) 企业标准。

下面重点介绍按适用范围划分的分类法,并分别做详细介绍:

1. 国际标准

国际标准是世界上大多数国家协调的产物,由国际组织指定和公布的供各国家参考的标准称为国际标准。国际标准化组织是由 140 个国家标准化机构组成的世界性协会。20 世纪 60 年代,国际标准化组织 ISO 成立"计算机与信息处理技术委员会",以制定与计算机系统相关的标准。国际标准反映世界普遍达到的相对先进的科学、技术以及生产水平。采用国际标准前,应当进行调查研究,同时采用的国际标准必须遵守我国有关法律、法规和政策,保护国家安全。

2. 国家标准

国家标准是由政府或国家机构制定、批准和发布的标准。中华人民共和国国家标准,简称国家标准,是由中华人民共和国国家标准化管理委员会在国际标准化组织和国际电工委员会,代表中华人民共和国的成员机构发布的国家标准代码,包含语言编码体系。对于 1994 年当年和 1994 年之前发布的标准中,两位数代表年份,1995 年开始以四个数字代表年份。强制性国家标准代码为"GB",推荐国家标准代码为"GB/T"。

3. 行业标准

行业标准是指由行业协会或监管机构、学术组织、国防组织制定的适用于特定专业领域的标准。电气和电子工程师协会成立一个软件标准技术委员会来制定 IEEE 系列标准。行业标准由行业标准部门管理。制定行业标准的所在部门及其管理的行业标准范围,应当向国务院有关行政主管部门提出申请报告,由国务院标准化行政主管部门审核确认,最后公布本行业的行业标准代码。

4. 地方标准

地方标准是指省、自治区、直辖市标准化主管部门或专门主管部门批准颁布并在一定区域内统一制定的标准。制定地方标准一般有利于发挥区域优势,提高某地产品质量和竞争力,使标准更符合当地情况,有利于标准的实施。例如,江苏省人民政府制定并发布《江苏省电子政务外网管理办法/试行》,为全省各级政府机关、部门的电子政务建设提供了长期规划和技术指导。

5. 企业标准

《中华人民共和国标准化法》规定:在没有国家标准或者行业标准的情况下,企业应当先制定企业标准,然后作为组织生产的产品依据。在已有国家标准或行业标准的情况下,国家鼓励企业制定企业标准在企业内部实施,同时该标准严格于国家标准或行业标准。企业标准是企业内部根据技术要求、管理要求和工作要求所制定的协调统一的标准,是企业组织生产经营活动的依据。

2.2.2　ISO/IEC/IEEE 12207 标准

ISO/IEC/IEEE 12207:2017 标准采用系统工程方法,为软件产品的整个生命周期提供一个通用的过程框架。软件生命周期是指软件从生成到退役的整个过程。科学建立和管理软件工程过程的基础就是软件生命周期,软件生命周期过程的标准化有利于保证软件的质量,提升软件工程的能力。

在使用此标准时,选择一个生命周期模型作为各方负责为软件项目模型,并映射标准模型中的过程、活动和人员。ISO/IEC/IEEE 12207:2017 标准的基本目的是为建立软件生命周期过程提供一个公共框架,以便涉及软件的各方可以拥有开发、使用、管理和维护使用软件的公共语言。该标准考虑多方利益相关者的需求,整合他们的利益诉求和不同视角,为标准的制定和应用提供指导。

该标准将在软件生命周期中实现的活动分为四组,即组织项目实现过程、合同过程、技术过程和技术管理过程,如图 2.2 所示。每个过程组由一系列活动构成,每个活动都有其实现过程细节。

2.2.3　CMM 标准

1981 年,美国卡内基梅隆大学软件工程研究所(Software Engineering Institute, SEI),应美国联邦政府的要求开发用于评价软件承包商能力并帮助其改善质量的方法。Watl Humphrey 在评估软件开发企业能力中引入成熟度框架,并添加成熟度级别的概念来度量开发软件过程成熟度,后来逐渐发展为框架。1987 年,美国卡内基梅隆大学的软件工程研究所建立第一个软件能力成熟度模型(Capability Maturity Model for Software,CMM)。

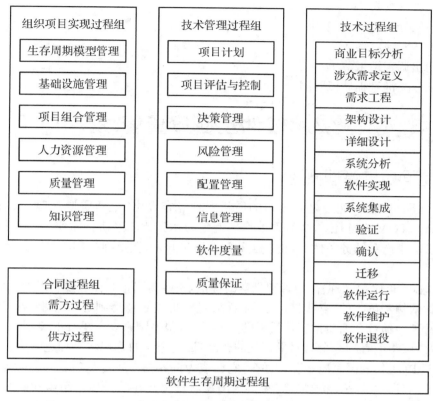

图 2.2　软件生存周期过程框架

在软件 CMM 的基础上,美国卡内基梅隆大学的软件工程研究所开发了许多种类别的 CMM,包含系统工程、软件采购、人力资源管理、集成产品和过程开发等这几类 CMM。这些模型很好地应用在部分组织中,但对于一些大型软件组织,单一的 CMM 已经不能满足其需求,一般需要多个 CMM 模型同时实现,从而达到改进他们软件过程的目的。

接下来将从 CMM 评估方法和 CMM 评估过程来进一步理解 CMM。

1. CMM 评估方法

CMM 评估由美国软件工程学会(Software Engineering Institute,SEI)授权的首席评估师领导,并参考 CMM 框架进行,采访员工并审查各种软件项目文档。有两种方法来执行 CMM 评估,如下所示。

(1) CBA - SCE(基于 CM 的软件能力评估)是一种基于 CM 的组织软件能力评估,由组织外部的评估团队进行。

(2) CBA - IPI(基于 CBA 的内部过程改进评价)是 CMM 对内部过程改进的评价。组织中的团队评估软件组织以提高其质量,评价结果属于组织。

2. CMM 评估过程

CMM 为软件过程软件能力评估建立一个通用的参考框架。CMM 评估的详细过程包括以下步骤:

(1) 建立评估团队;

（2）填写调查表；

（3）响应分析；

（4）现场实地考察；

（5）列出调查结果清单；

（6）创建关键过程域概要图。

2.3　软件全面质量管理

2.3.1　全面质量管理概述

20 世纪 50 年代末，通用电气公司的质量管理专家提出"全面质量管理（Total Quality Management，TQM）"的概念，全面质量管理就是为达到比较经济的水平，并考虑在充分满足顾客要求的生产和服务条件下，企业各部门在质量开发、质量维持和质量改进活动中构成的有效体系。

20 世纪 60 年代初，根据行为管理科学的理论，一些美国企业在质量管理上发展出"零缺陷运动"，这依赖于员工的"自我控制"。全面质量管理逐步渗透到各个行业，各国纷纷进行全面质量管理。随着全面质量管理活动的不断发展，很多国家设立单独的奖项，奖项名称为国家质量奖，该奖项有利于全面质量管理的普及，提高企业的管理水平和竞争力。日本戴明奖是设立于 1951 年的国家质量奖。如今，它已成为世界三大质量奖项之一。另外两个分别是美国 1987 年设立的马尔称姆·波多里奇国家质量奖及在欧洲质量组织和欧盟委员会的支持下，欧洲质量基金会于 1991 年设立的欧洲质量奖。各国都希望通过实施质量奖来促进全面质量管理的发展，最终实现国家经济竞争力的提高。

全面质量管理是一个以质量为中心，以全体员工参与为基础的组织，旨在通过满足顾客并使组织和社会的所有成员受益来实现长期的成功。全面质量管理有以下含义。

（1）重点关注客户

全面质量管理关注客户价值，其主导思想是"客户满意和认可是赢得市场和创造长期价值的关键"。

（2）对照基准精确的度量

全面质量管理采用对组织运行中的每一个关键变量进行统计测量，然后比较其与基准的差异，发现其中的问题，对其进行追根溯源、解决问题，最终提高产品质量。

（3）坚持持续改进

全面质量管理是一个永远无法实现的承诺，"很好"是不够的，质量始终可以改进。企业在"没有最好，只有更好"的理念指导下，不断提高产品或服务的质量和可靠性，确保企业获得与其他企业不同的竞争优势。

（4）赋能员工

全面质量管理将工人从生产线添加到改进过程中，广泛采用团队的形式，将部分权能授予员工，依靠员工团队来发现问题和解决问题。

（5）提高组织各项工作的质量

全面质量管理的基本方法可以概括为四个模块，即"一过程、四阶段、八步骤、数理统计法"。

"一过程"是指企业管理这个过程。企业在不同的时期,应完成不同的任务。企业的每一项生产经营活动都有产生、形成、实施和验证的过程。根据管理是一个过程的理论,美国戴明博士将其应用到质量管理中,总结出"计划-执行-检查-行动"四个阶段的循环,简称PDCA 循环,又称"戴明环",如图 2.3 所示。

图 2.3　戴明环

行动计划 PDCA 循环检查 Do 执行情况:

第一阶段称为 Plan 阶段也即策划阶段,该阶段通过市场调研、用户访问、国家计划说明等,查明用户对产品质量的要求,确定质量方针、质量目标和质量计划。

第二阶段是 Do 阶段也即实施阶段,该阶段按照质量标准实施 Plan 阶段规定的内容,比如产品的设计、试先预制、实验部分,以及预先的人员培训。

第三阶段是 Check 阶段也就是检查阶段,该阶段在执行计划的过程中或之后,主要任务是对比执行是否符合原先计划的预期结果。

第四阶段是 Action 阶段也即行动阶段,该阶段根据检查结果,采取相应措施。

为了解决和改进质量问题又划分出八个步骤,也即 PDCA 循环的四个阶段分为八个步骤。如图 2.4 所示。

PDCA 循环管理的特点总结如下:

(1) PDCA 循环工作程序的四个阶段依次进行,形成一个大圆环;

(2) 每个部门和集团都有自己的 PDCA 循环,成为企业大循环圈中的一个小循环圈;

(3) 向上循环前进,即根据处理情况或使用的更新信息,不断地重新启动循环改进过程;

(4) 没有员工的参与,任何提高质量和生产力的努力都不可能成功。

全面质量管理之所以能在世界范围内得到广泛应用和发展,与其自身的功能是分不开的。总的来说,在企业中全面质量管理优势可以概括为以下几点。

(1) 缩短总运转时间周期;

(2) 降低质量所对应的成本;

(3) 缩短库存周转的时间;

(4) 提高生产效率;

(5) 追求公司的利益并获取成功;

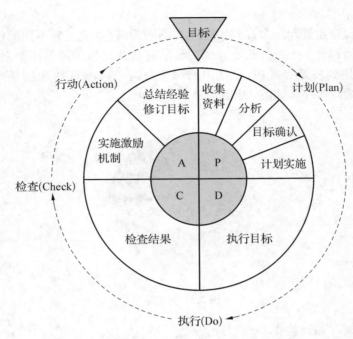

图 2.4　全面质量管理 PDCA 循环(四个阶段及八个步骤)

(6) 提升顾客满意度;

(7) 利润最大化。

2.3.2　全面质量管理与 ISO 9000

ISO 9000 标准是一种质量管理体系规范,作为一种全球商业标准,该标准促进商品和服务交换。ISO 9000 是指质量管理体系标准,它不是指一个标准,而是一组标准的统称。ISO 9000 是由质量管理体系技术委员会制定的国际标准,ISO 9000 是 ISO 公布的 12 000多项标准中最畅销、最受欢迎的产品。1987 年,国际标准化组织 ISO 在总结质量保证体系经验的基础上,发布了 ISO 9000 质量管理和质量保证系列标准。

ISO 9000 标准是许多国家采用的标准,包括欧盟成国国、墨西哥、新西兰、美国、加拿大、澳大利亚和太平洋地区。为了被注册为 ISO 9000 质量保证体系模型之一,公司的质量体系和实践应由第三方审核员审查是否符合其标准和操作的有效性。注册成功后,公司将收到由审计师代表的注册实体出具的证书。此后,每六个月进行一次检查审计。

全面质量管理与 ISO 9000 的异同如下:

(1) ISO 9000 和全面质量管理的相似之处

首先,管理理论和统计理论的基础一样。两者都认为产品质量是在产品的整个过程中形成的,都要求质量体系跟随着质量形成的全过程。在实现使用的方法上,两者均采用PDCA 循环运行模式。

其次,两者都要求实施质量的系统管理,强调由组织的管理层来管理质量。

最后,提高产品质量,满足客户的需求是它们一致的目标,并且都强调每一个过程都可以改进和完善。

（2）ISO 9000 与全面质量管理的不同点

首先，工作中心不同。全面质量管理是以人为本，ISO 9000 是以标准为中心。

其次，目标不一致。全面质量管理中质量计划管理活动是以改变现状为目标。它的操作仅限于一次。当目标实现时，管理活动结束。虽然下一个计划的管理活动建立在上一个计划的管理活动的结果之上，但不是前一个操作的重复。ISO 9000 质量管理活动的目标是保持标准的现状，目标值是固定的。其管理活动是重复与之前一样的方法和操作，以尽量减少实际结果与标准之间的差异。

最后，两种执行标准和检查方法不同。TQM 企业制定的标准是企业结合自身特点制定的一种自我约束的管理体系。检查方主要为企业内部人员，检查方式为考核评价（政策客观评价、团队结果发布等）。ISO 9000 是国际认可的质量管理体系标准，是全世界都应遵守的准则。标准的实施强调质量体系的公正以及第三方认证和认证机构的监督检查。

全面质量管理是企业"取得长期成功的管理方法"，但要成功实施全面质量管理必须具备一定的条件。对于部分企业而言，直接引入全面质量管理比较困难。而 ISO 9000 是质量管理的最基本要求，其系列标准的实施与全面质量管理的实施并不是完全不同的边界，两者的结合才是深化现代企业质量管理发展的方向。

2.3.3　六西格玛管理与零缺陷管理

六西格玛（6Sigma，6σ）管理是改进企业质量过程管理的一种技术。它是一种以测量、实验和统计为基础的现代质量管理方法。以对"零缺陷"的完美追求，带动质量成本的大幅降低，最终实现财务业绩的提升和企业竞争力的突破。六西格玛包含以下三层含义：

（1）一种追求的质量尺度和目标，确定方向和限度。

（2）一套科学的工具和管理方法，用于过程设计和改进的 Sigma 过程。

（3）一种企业管理策略，六西格玛管理是一种降低运营成本和周期，同时提高客户满意度的流程创新方法。通过提高组织核心流程的运行质量来提高企业盈利能力的一种管理方法，也是企业在新的经济环境下获得竞争力和可持续发展能力的经营战略。

零缺陷的概念是在 20 世纪 60 年代初提出的，并由此在美国发起零缺陷运动。后来，零缺陷的思想传到日本，并在日本制造业中全面推广，使日本制造业产品的质量得到迅速提高，进而进一步延伸到工商业的部分领域。

零缺陷管理和六西格玛管理的最终目标是实现接近无缺限的结果交付。前者强调人们如何"一次性"工作并兑现承诺；后者强调产品或服务如何使过程接近目标值并降低波动性，无限接近于零，以及追求无缺陷。这里的"零缺陷"不仅指制造过程，也指服务过程，甚至指组织中的所有过程。企业要实现零缺陷，就必须在经营效率、战略规划和成果上实现突破性发展。三者中没有一个能够在没有另一个的情况下取得完全成功。

因而，总结出如下三点六西格玛管理与零缺陷管理的主要区别：

（1）零缺陷管理告诉企业什么是正确的事情，要达到的结果，而六西格玛是一种告诉企业如何正确做事的方法。

（2）零缺陷强调的是缺陷预防策略，即在第一次就把事情做好。它强调的是"说到做到"的态度，这是每个人必须遵循的基本工作原则。六西格玛管理强调运用统计方法解决管理缺陷，提高产品或服务质量。

（3）六西格玛是一种依靠高素质员工解决问题，通过持续改进追求"零"缺陷的有效方法。零缺陷是一种系统级的操作管理方法，它更多地依赖于组织中的每个人，尤其是一线员工，来改进其工作并预防问题。

2.4 软件质量保证

2.4.1 软件质量保证的定义

要想理解软件质量保证（Software Quality Assurance，SQA）的定义，首先需要认识软件质量保证过程，一个项目的主要内容是：成本、进度、质量；优秀的项目管理就是把三个因素综合起来，平衡三个目标，最后按照目标完成任务。微软的软件以质量为最重要的目标，并且其"足够好的软件"战略更为人所熟悉，这些质量目标实际上是基于企业的战略目标。因此，软件质量保证工作也要立足于企业的战略目标，从这个角度思考软件质量保证，能够形成对软件质量保证的理论认识。

软件行业已经达成共识，即影响软件项目进度、成本和质量的因素主要是"人、过程和技术"。首先要明确的是，在这三个因素中，人是第一位的。然而目前许多软件能力成熟度模型的实践者中有一种危险的倾向，即沉迷于软件能力成熟度模型的理论，过于强调"过程"。因此这种思维倾向在某些时候受到强烈的批评。在某种意义上，各种敏捷过程方法正在重新思考对过程的重视。

如果回顾历史，软件能力成熟度模型的本质应该更容易理解。软件能力成熟度模型最初是作为"评估标准"出现的，主要用于评估国防部供应商确保质量的能力。软件能力成熟度模型关注软件生产的两个特征：（1）强调质量的重要性；（2）适合大型项目。这就是软件能力成熟度模型存在的原因。

全面质量管理的思想，特别是全面质量管理中的"过程法"。这些内容构成对软件过程的地位和价值的基本认识；在此基础上，可以进一步讨论，软件质量保证的定义，软件质量保证是建立一个有计划的、系统的方法，来确保由管理层开发的标准、程序、实践和方法能够被所有项目适当地采用。

软件质量保证目标是使软件过程对管理人员可见。通过对软件产品和活动进行审查和审计来验证是否符合标准。软件质量保证组在项目开始时共同参与建立计划、标准和过程，其目标是使软件项目满足组织的需要。

软件质量保证是一个战略问题，需要从最高管理层的角度予以充分重视。通过在整个产品生命周期中建立有意义且适当的过程并遵循这些过程来确保软件质量。软件质量保证是一种有计划的、系统的行动模式，它是一套用于评估开发或制造产品过程的活动，与质量控制不同。

2.4.2 软件质量保证和软件测试的关系

任何形式的产品都是过程执行的结果，因此过程管理和控制是提高产品质量的重要途径。软件质量保证活动是系统地评审和审计软件产品，通过协调、评审和跟踪获取有用信息，形成分析结果来指导软件过程，从而验证软件是否符合标准的系统工程。一个典型的软件测试过程包括项目计划评审、测试计划创建、测试设计、测试执行和测试文档更新,而软件质量保证活动可以概括为:协调度量、风险管理、文档评审、促进/协助过程改进,以及监视测试工作。

根据 IEEE 的定义,软件质量保证是一种有计划的、系统的行动模式,它是为项目或产品满足现有技术需求提供足够信心所必需的,为评价开发或制造产品的过程而设计的一套活动。软件质量保证的功能是向管理层提供正确的可视化信息,以促进和协助过程改进。软件质量保证还充当测试工作的主管和监督者,帮助建立软件测试、测试过程评审方法和测试过程的质量标准。同时,通过跟踪、审计和评审,可以及时发现软件测试过程中的问题,从而有助于改进测试或整个开发过程。因此,使用软件质量保证,可以客观地审查和评估测试工作,还可以帮助改进测试过程。测试为软件质量保证更好地了解质量计划的实施、过程质量、产品质量和过程改进进度提供了数据及依据,以便 SQA 更好地开展下一步工作。

人们经常使用术语"质量保证"(QA)来指代测试。虽然它们是相关的,但质量保证与测试是不同的。它们可以通过一个更大的概念联系在一起,即质量管理(QM)。

质量管理包括质量保证和质量控制,如图 2.5 所示。质量保证的重点是遵循正确的过程,注重对过程的管理和控制,是一项管理工作,注重过程和方法。正确的过程为达到正确的质量水平提供了信心。当过程正确完成时,在这些过程中创建的软件工作产品通常具有更高的质量,并有助于防止缺陷。对于有效的质量保证来说,同样重要的是使用根本原因分析来识别缺陷并消除缺陷,以及适当地应用从评审会议中学到的经验教训来改进过程。质量控制包括达到适当质量水平的支持活动,包括测试活动。测试活动是整个软件开发和维护过程的一部分。测试是过程中各个过程管理和控制策略的具体实施,其对象是软件产品(包括阶段性产品),即测试是对软件产品的检查,是一项技术性工作。因为质量保证涉及整个过程的正确执行,所以它支持正确的测试活动。

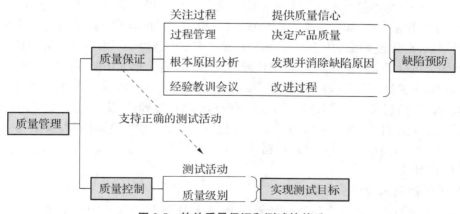

图 2.5 软件质量保证和测试的关系

总而言之,软件质量保证和软件测试是互补的,既有包含关系,也有交叉关系。软件质量保证指导并监督软件测试的计划和执行,促进客观、准确和有效的测试结果,并协助改进测试过程。软件测试是软件质量保证的重要手段之一,为软件质量保证提供所需的数据,作为质量评价的客观依据。

第3章

单元测试与集成测试

3.1 单元测试的目标和任务

软件系统是由许多单元构成的,这些单元可能是一个对象或是一个类,也可能是一个函数,也可能是一个更大的单元——组件或模块。要保证软件系统的质量,首先就要保证构成系统的单元的质量,也就是要开展单元测试活动。通过充分的单元测试,发现并修正单元中的问题,从而为系统的质量打下基础。单元测试是测试执行过程中的第一个阶段。

单元测试的主要目标是确保各单元模块被正确地编码。单元测试除了保证测试代码的功能性外,还需要保证代码在结构上具有可靠性和健全性,并且能够在所有条件下正确响应。进行全面的单元测试,可以减少应用级别所需的工作量,并且彻底减少系统产生错误的可能性。

单元测试的目标不仅是测试代码的功能性,还需确保代码在结构上可靠且健壮,能够在各种条件下(包括异常条件,如异常操作和异常数据)给予正确的响应。如果这些系统中的代码未被适当测试,则其弱点可被用于侵入代码,并导致安全性风险,例如,内存泄漏或被窃指针以及性能问题。执行完全的单元测试,能够比较彻底地消除各个单元中所存在的问题,避免将来功能测试和系统测试问题查找的困难,从而减少应用级别所需的测试工作量,并且减少发生误差的可能性。概括起来,单元测试是对单元的代码规范性、正确性、安全性、性能等进行验证。

为了实现上述目标,单元测试的主要任务包括对单元功能、逻辑控制、数据和安全性等各方面进行必要的测试。具体地说,包括单元中所有独立执行路径、数据结构、接口、边界条件、容错性等测试。

（1）单元独立执行路径的测试

在单元中应对每一条独立执行路径进行测试,这不仅检验单元中每条语句(代码行)至少能够正确执行,而且要检验所涉及的逻辑判断、逻辑运算是否正确,如是否存在不正确的比较和不适当的控制流造成的错误,此时判定覆盖、条件覆盖和基本路径覆盖等方法是最常用且最有效的测试技术。

（2）单元局部数据结构的测试

检查局部数据结构是检查临时存储的数据在程序执行过程中是否正确、完整。局部数据结构往往是错误的根源。

（3）单元接口测试

只有在数据能正确输入（如函数参数调用）、输出（如函数返回值）的前提下，其他测试才有意义。对单元接口的检验，不仅是集成测试的重点，也是单元测试不可忽视的部分。

（4）单元边界条件的测试

众所周知，程序容易在边界上失效，采用边界值分析技术，针对边界值及其左、右进行设计测试用例，很有可能发现新的错误。如果在单元测试中忽略边界条件的测试，在系统级测试中很难被发现，即使被发现后对其跟踪、寻其根源也是一件不容易的事。

3.2　静态测试

3.2.1　静态测试基本内容

静态测试是指不运行被测程序本身，仅通过分析或检查源程序的语法、结构、过程、接口等来检查程序的正确性。它可以由人工进行，充分发挥人的逻辑思维优势，也可以借助测试工具进行。静态测试结果可用于进一步的查错，并为测试用例选取提供指导。

静态测试具有发现缺陷早、降低返工成本、覆盖重点和发现缺陷的概率高等优点。同时，静态测试的缺点则是耗时长和技术能力要求高。

在软件生命周期过程中，几乎所有软件工作产品都可以使用静态测试进行检查。检查项既包括程序源代码等核心软件产品，也包括文档、报告等设计和管理资料，还包括建模、模型等设计产品。

静态测试技术包括评审和静态分析技术，同时，可运用适当的静态测试工具。评审可应用于任何软件工作产品，参与者通过阅读设计文档、报告理解产品并找出缺陷。静态分析技术可有效地应用于具有规范结构（如代码或模型）的任何软件工作产品。可运用适当的测试工具，甚至可借助工具评估自然语言编写的工作产品，如检查需求文档的拼写、语法和可读性。

3.2.2　代码评审

评审是通过深入阅读和理解被检查产品的一种人工分析方式，多用于软件开发周期早期。评审的关注点依赖于已达成一致的评审目标，例如，发现缺陷、增加理解、培训参与者（如测试员和团队新成员），或对讨论和决定达成共识等。

评审的主要目的之一是发现缺陷。常见的三种评审类型为代码互查、代码走查、会议评审。所有评审类型都可以帮助检测缺陷，所选的评审类型应基于项目需求、可用资源、产品类型和风险、业务领域和公司文化，以及其他选择准则。

（1）代码互查

代码互查是指在软件开发过程中，项目的不同成员之间相互审查对方编写的代码。这种互查通常是为了确保代码的质量、可维护性和合规性，以及促进知识共享和团队协作。代码互查有助于发现潜在的问题和错误，并有助于提高整个团队的编码标准和最佳实践的遵循程度。

（2）代码走查

走查的主要目的是发现缺陷、改进软件产品、考虑替代实施、评估与标准和规范的符合程度。在走查过程中,可交换关于技术或风格变化的想法、对参与者进行培训。

(3) 会议评审

评审会议最好由经过培训的、非作者的人主持,评审员应该是作者的技术同行、相同或其他学科技术专家。需要在评审会议之前进行个人准备。必须指定记录员。使用检查表不是必需的。

技术评审的主要目的是获得共识、发现潜在缺陷,以达到评估质量和建立对工作产品的信心、产生新想法激励和使作者能够改进未来的工作产品、考虑替代实施等进步的目的。

3.3　程序插桩测试

程序插桩是一种基本的测试手段,在软件测试中有着广泛的应用。程序插桩方法简单地说是向被测程序中插入相关操作来实现测试的目的。

如果想要了解一个程序在某次运行中所有可执行语句被覆盖(或称为被经历)的情况,或是每个语句的实际执行次数,最好的办法是利用插桩技术。这里以计算整数 X 和整数 Y 的最大公约数程序为例,说明插桩方法的要点。图 3.1 给出了这一程序的流程图。图中关于 C(i) 的语句并不是原来程序的内容,而是为了记录语句执行次数而插入的。这些语句要完成的操作都是计数语句,其形式为:$C(i) = C(i) + 1, i = 1, 2, 3, 4, 5, 6$。

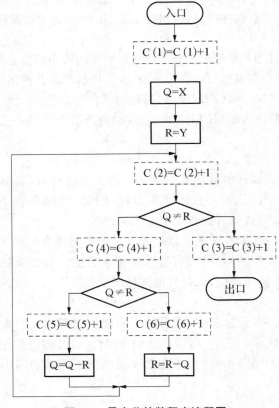

图 3.1　最大公约数程序流程图

程序从入口开始执行，到出口结束。凡经历的计数语句都能记录下该程序点的执行次数。如果在程序的入口处还插入了对计数器 C(i) 初始化的语句，在出口处插入了打印这些计数器的语句，就构成了完整的插桩程序，它能够记录并输出在各程序点上语句的执行次数。图 3.2 所示为插桩后的程序，图中箭头所指均为插入的语句（源程序语句略）。

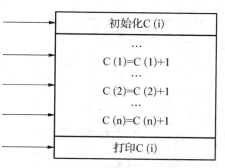

图 3.2 插桩后的程序

通过插入的语句获取程序执行中的动态信息，这一做法如同在刚研制成的机器特定部位安装记录仪表一样。安装好以后开动机器试运行，除了可以对机器加工的成品进行检验得知机器的运行特性外，还可通过记录仪表了解其动态特性。这就相当于在运行程序以后，一方面可检测测试的结果数据，另一方面还可借助插入语句给出的信息了解程序的执行特性。正是这个原因，有时把插入的语句称为"探测器"，借以实现"探查"和"监控"的功能。在程序的特定部位插入记录动态特性的语句，最终是为了把程序执行过程中发生的一些重要历史事件记录下来。例如，记录在程序执行过程中某些变量值的变化情况、变化的范围等。又如程序逻辑覆盖情况，只有通过程序的插桩才能取得覆盖信息。

为了让读者理解源代码插桩的使用，下面通过一个小案例来讲解源代码插桩。该案例是一个除法运算，代码如下所示。

```
# include < stdio.h >
# define ASSERT(y) if(y){ printf("出错文件:%s(n",_FILE_);\
                          printf("在第%d行:ln",_LINE_);\
                          printf("提示:除数不能为0!\n");\
                          }//定义 ASSERT(y)

int main() {
    int x,y;
    printf("请输入被除数:");
    scanf("%d",&x);
    printf("请输入除数:");
    scanf("%d", &y);
    ASSERT(y == 0);//插入的桩(即探针代码)
    printf("%d", x/y);
    return 0;
}
```

为了监视除法运算除数输入是否正确，在代码第 12 行插入宏函数 ASSERT(y)，当除数为 0 时打印错误原因、出错文件、出错行数等信息提示。宏函数 ASSERT(y) 中使用了 C 语言标准库的宏定义"_FILE_"提示出错文件、"_LINE_"提示文件出错位置。

程序运行后，提示输入被除数和除数，在输入除数后，程序宏函数 ASSERT(y) 判断除数是否为 0，若除数为 0 则打印错误信息，程序运行结束；若除数不为 0，则进行除法运算并打印计算结果。根据除法运算规则设计测试用例，如表 3.1 所示。

表 3.1 除法运算测试用例

测试用例	数据输入	预期输出结果
T1	1,1	1
T2	1,−1	−1
T3	−1,−1	1
T4	−1,1	−1
T5	1,0	错误
T6	−1,0	错误
T7	0,0	0
T8	0,1	0
T9	0,−1	0

对插桩后的 C 源程序进行编译、链接,生成可执行文件并运行,然后输入表 3.1 中的测试用例数据,读者可观察测试用例的实际执行结果与预期结果是否一致。

程序插桩测试方法能有效提高代码测试覆盖率,但是插桩测试方法也会带来代码膨胀、执行效率低下等缺点。

3.4 逻辑覆盖测试

在进行单元测试时,特别是针对程序函数进行测试时,会优先考虑代码行的覆盖,一般认为这是最基本的,例如,在衡量开发的单元测试工作时,常常会设定一个目标,即代码行覆盖率要超过 80％或 100％,做到代码行的覆盖,就是要做到代码结构的分支覆盖。如果再进一步,就是要检验构成分支判断的各个条件及其组合,即条件覆盖和条件组合覆盖。基本路径覆盖一般不归为逻辑覆盖,但从它们密切的关系看,可以统一为逻辑覆盖。逻辑覆盖不局限于代码这个层次,可以扩展到业务流程图、数据流图等,让测试覆盖需求层次的业务逻辑。

3.4.1 语句覆盖

语句覆盖的基本思想是设计若干个测试用例,运行被测程序,使得程序中每一可执行语句至少执行一次。这里的"若干个",意味着测试用例尽量少。语句覆盖在测试中主要发现缺陷或错误语句。语句覆盖率指的是已执行的可执行语句占程序中可执行语句总数的百分比,复杂的程序不可能达到语句的完全覆盖。语句覆盖率越高越好。如图 3.3 所示的程序流程图,对其进行语句覆盖,设计两组语句覆盖测试用例:

(1) a＝T, b＝T, c＝T;

(2) a＝F, b＝T, c＝T;

可以看到,对于第一组用例,判定条件的 a&&(b||c)的结果为真,可以覆盖到语句 x＝1,语句覆盖率达到 100％,而对于第二组用

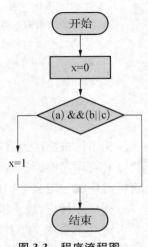

图 3.3 程序流程图

例,判定条件 a&&(b||c)的结果为假,无法覆盖到语句 x＝1,语句覆盖率未达到 100％。

但是如果判定的第一个运算符"&&"错写成"||",或第二个运算符"||"错写成"&&",这时使用上述的测试用例无法发现这类问题,并且测试用例(1)a＝T,b＝T,c＝T 仍然可以达到 100％的语句覆盖。另外,还有一类问题是语句覆盖无法发现的问题:若程序中包含循环式,则语句覆盖无法检查出循环次数错误或者跳出循环条件的错误。例如,有如下代码:

```
for(i = 0; i < 10; i ++) {
    statement;
}
While(x > 3) {
    statement;
}
```

如果把其中的循环条件改成如下:

```
for(i = 0; i <= 10; i ++) {
    statement;
}
While(x > 3&&x < 7) {
    statement;
}
```

语句覆盖是发现不了这样的错误的。

另外,有时候测试用例虽然能达到很高的语句覆盖率,但这样的测试用例有严重缺陷,如有以下代码段:

```
if(x! = 1) {
    statements;
    ……;
} else {
    statement;
}
```

有测试用例 x＝2,语句覆盖率虽然高达 99％,但是有 50％的分支没有得到测试覆盖,这样的测试是有严重问题的。

3.4.2 判定覆盖

判定覆盖法的基本思想是设计若干用例,运行被测程序,使得程序中每个判断的取真和取假分支至少经历一次,即判断真假值均曾被满足。一个判定往往代表程序的一个分支,所以判定覆盖也被称为分支覆盖。除了双值判定语句外,还有多值判定语句,如 case 语句,因此判定覆盖更一般的含义是:使得每一个判定获得每一种可能的结果至少一次。

对于前面的例子,设计满足判定的测试用例一组:

a＝T, b＝T, c＝T;

a＝F, b＝F, c＝F;

可以看到,以上一组测试用例不仅满足了判定覆盖还满足了语句覆盖,因此满足判定覆盖的测试用例一定满足语句覆盖。判定覆盖比语句覆盖稍强,但如果程序中的判定是由几个条件联合构成时,它未必能发现每个条件的错误。

3.4.3 条件覆盖

条件覆盖的基本思想是设计若干测试用例,执行被测程序以后,要使每个判断中每个条件的可能取值至少满足一次。在图 3.3 所示的程序中,一个判定语句是由多个条件组合而成的复合判定,判定(a)&&(b||c)包含了三个条件:a, b 和 c。为了更彻底地实现逻辑覆盖,可以采用条件覆盖。测试用例如下:

a=F, b=T, c=F
a=T, b=F, c=T

仔细分析可发现,该用例在满足条件覆盖的同时把判定的两个分支也覆盖了,这样是否说明达到了条件覆盖也就必然实现了判定覆盖呢? 上述用例满足条件覆盖但并未满足判定覆盖,若要解决这一矛盾,需要多条件和分支兼顾。

3.4.4 判定条件覆盖

判定条件覆盖的基本思想是设计足够多的测试用例,使得判定中的每个条件的所有可能(真/假)至少出现一次,并且每个判定本身的判定结果也至少出现一次。

对于前面的例子,设计满足判定条件覆盖的测试用例一组:

a=T, b=T, c=T
a=F, b=F, c=F

如果把逻辑运算符"&&"错写成"||"或第二个运算符"||"错写成"&&",该用例仍然无法发现上述逻辑错误。所以测试仍然不够充分,需要引入条件组合覆盖。

3.4.5 条件组合覆盖

条件组合覆盖的基本思想是设计足够的测试用例,使得判断中每个条件的所有可能至少出现一次,并且每个判断本身的判定结果也至少出现一次,它与条件覆盖的差别为它不是简单地要求每个条件都出现"真"与"假"两种结果,而是要求让这些结果的所有可能组合都至少出现一次。按照条件组合覆盖的基本思想,对于前面的例子,设计组合条件如表 3.2 所示。

表 3.2 条件组合覆盖用例表

序号	a	b	c	a&&(b||c)
1	T	T	T	T
2	T	T	F	T
3	T	F	T	T
4	T	F	F	F
5	F	T	T	F
6	F	T	F	F
7	F	F	T	F
8	F	F	F	F

判定语句中 3 个逻辑条件,每个逻辑条件有 2 种可能取值,共 8 种可能组合。随着判定语句逻辑条件的数量的增加,这种组合的取值数会呈指数上升。

3.4.6 修正判定条件覆盖

判定条件覆盖测试了各个判定中的所有条件的取值,但实际上,编译器在检查含有多个条件的逻辑表达式时,某些情况下的某些条件将会被其他条件所掩盖。因此判定条件覆盖也不一定能够完全检查出逻辑表达式中的错误。而条件组合覆盖要求覆盖判定中所有条件取值的所有可能组合,需要大量的测试用例,实用性较差。因此需要引入修正判定条件覆盖,修正判定条件覆盖可以解决判定条件覆盖的问题,同时与条件组合覆盖相比又大大减少了测试用例的数量。

修正判定条件覆盖的基本思想是:在满足判定条件覆盖的基础上,每个简单判定条件都应独立地影响到整个判定表达式的取值。

对于前面的例子,用修正判定条件覆盖,可以得出表 3.3 的用例集。

表 3.3 修正判定条件覆盖用例集

序号	a	b	c	a&&(b||c)	a	b	c
1	T	T	T	T	5		
2	T	T	F	T	6	4	
3	T	F	T	T	7		4
4	T	F	F	F		2	3
5	F	T	T	F	1		
6	F	T	F	F	2		
7	F	F	T	F	3		
8	F	F	F	F			

通过表 3.3 可以看出,条件 a 可以通过用例 1 和 5 达到修正判定条件覆盖的要求(用例 2 和 6 或用例 3 和 7 也可以满足相应要求),条件 b 可以通过用例 2 和 4 达到修正判定条件覆盖的要求,条件 c 可以通过用例 3 和 4 达到修正判定条件覆盖的要求,因此使用用例集 {1,2,3,4,5},即可满足修正判定条件覆盖的要求。显然,这不是唯一的用例组合。

修正判定条件覆盖用例是条件组合覆盖用例的子集,修正判定条件覆盖具有条件组合覆盖的优势,同时大幅减少用例数,具有很强的实用性。假设判定条件可以拆分出 N 个独立的条件变量,使用条件组合覆盖设计的用例数量为 2^N,而用修正判定条件覆盖方法设计出的用例个数为 $N+1$ 至 $2N$。

3.5 基本路径测试

基本路径测试法是在程序控制流图的基础上,通过分析程序的环路复杂性,导出基本可执行路径集合,从而设计测试用例的方法。基本路径分析法包括 4 个步骤。

（1）画出程序的控制流图：控制流图是描述程序控制流的一种图示方法。

（2）计算程序的圈复杂度：McCabe 复杂性度量。从程序的环路复杂性可导出程序基本路径集合中的独立路径条数。

（3）导出测试用例：根据圈复杂度和程序结构设计用例数据输入并预期结果。

（4）准备测试用例：确保基本路径集中的每一条路径的执行。

在程序设计时，为了更加突出控制流的结构，可对程序流程图进行简化，简化后的图称为控制流图。圆圈称为控制流图的一个节点，表示一个或多个无分支的语句及源程序语句；箭头称为边或连接，代表控制流。

圈复杂度是一种为程序逻辑复杂性提供定量测度的软件度量，将该度量由于计算程序的基本独立路径数目，为确保所有语句至少执行一次的测试用例数量的上界。独立路径必须包含一条定义之前不曾用到的边。

有如下 3 种方法计算圈复杂度。

（1）控制流图中区域的数量。

（2）给定流图 G 的圈复杂度 V(G)定义为：$V(G)=E-N+2$。E 是控制流图中变的数量，N 是控制流图中节点的数量。

（3）给定控制流 G 的圈复杂度 V(G)定义为：$V(G)=P+1$。P 是控制流图 G 中判定节点的数量。

下面通过一个例子来说明，对以下函数使用基本路径测试法进行测试。

```
      void sort(int  irecordnum, int  itype)
1.        {
2.            int x = 0;
3.            int y = 0;
4.            while(irecordnum--> 0)
5.            {
6.                if(itype == 0)
7.                    break;
8.                else
9.                    if(itype == 1)
10.                       x = x + 10;
11.                   else
12.                       y = y + 20;
13.            }
14.       }
```

该程序对应的程序流程图和对应的控制流图如图 3.4 所示。

独立路径为：

路径 1：4—14

路径 2：4—6—7—14

路径 3：4—6—9—10—13—4—14

路径 4：4—6—9—12—13—4—14

为了确保基本路径集中的每一条路径的执行，根据判定节点给出的条件，选择适当的数

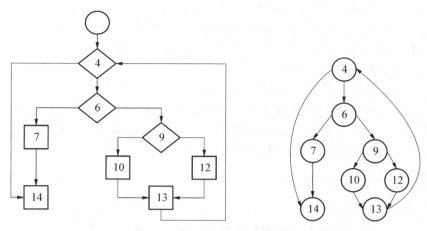

图 3.4 程序流程图和控制流图

据以保证某一条路径可以被测试到,满足上面例子基本路径集的测试用例如下。

(1) 路径 1:4—14

输入数据:irecordnum=0,itype=0。

预期结果:x=0,y=0。

(2) 路径 2:4—6—7—14

输入数据:irecordnum=1,itype=0。

预期结果:x=0,y=0。

(3) 路径 3:4—6—9—10—13—4—14

输入数据:irecordnum=1,itype=1。

预期结果:x=10,y=0。

(4) 路径 4:4—6—9—12—13—4—14

输入数据:irecordnum=1,itype=2。

预期结果:x=0,y=20。

3.6 集成测试

3.6.1 集成测试的目标和任务

在软件开发中,经常会遇到这样的情况,单元测试时能确认每个模块都能单独工作,但这些模块集成在一起之后会出现有些模块不能正常工作的问题。这主要是因为模块相互调用时接口会引入新的问题,包括接口参数不匹配,传递错误数据、全局数据结构出现错误等。这时,需要进行集成测试。集成测试是将已分别通过测试的单元按设计要求集成起来再进行的测试,以检查这些单元之间的接口是否存在问题,包括接口参数的一致性引用、业务流程端到端的正确性等。

集成测试需要确保各单元组合在一起后能够按既定意图协作运行,并确保增量的行为正确,所测试的内容包括单元间的接口以及集成后的功能。具体来说,集成测试考虑以下问题:

（1）在把各个模块连接起来的时候，穿越模块接口的数据是否会丢失；

（2）各个子功能组合起来，能否达到预期要求的父功能；

（3）一个模块的功能是否会对另一个模块的功能产生不利影响；

（4）全局数据结构是否有问题；

（5）单个模块的误差积累起来，是否会放大，从而达到不可接受的程度。

那么，系统中的各个模块如何组合呢？是全部同时组装还是逐渐组装模块？这是集成策略将要解答的问题。集成测试的基本策略比较多，分类也比较复杂，但是都可以归结为以下两类：非增量式集成测试和增量式集成测试。

3.6.2　非增量式集成测试

非增量式测试模式是采用一步到位的方法来构造测试。基本思想是对所有模块进行个别的单元测试后，按照程序结构图将各模块连接起来，把连接后的程序当作一个整体进行测试，又称大爆炸式集成，如图 3.5 所示。

下面举例说明非增量式集成测试的步骤。对如图 3.6 所示的程序进行非增量式集成测试。

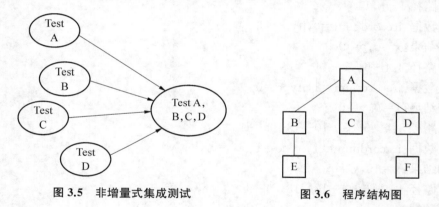

图 3.5　非增量式集成测试　　　　图 3.6　程序结构图

首先需要对 A、B、C、D、E、F 各个模块进行单元测试，模块 d1、d2、d3、d4、d5 是对各个模块做单元测试时建立的驱动模块，s1、s2、s3、s4、s5 是为单元测试而建立的桩模块，如图 3.7 所示。

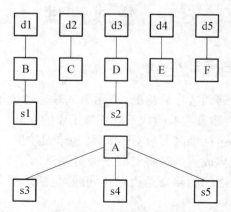

图 3.7　对各个模块分别进行单元测试示意图

最后一次性将这个 6 个模块集成到如图 3.6 所示,对其整体进行测试。这种一次性集成方式是将所测模块连接起来进行测试,在非增量式集成中容易出现混乱。因为系统一次集成,运行成功的概率不大,测试时可能发现一堆错误,为每个错误定位和纠正非常困难,并且在改正一个错误的同时又可能引入新的错误,新旧错误混杂,更难断定出错的原因和位置。因此适用于一个维护型或被测试系统较小的项目。

在非增量式集成测试时,应当确定关键模块,对这些关键模块及早进行测试。关键模块的特征:

(1) 完成需求规格说明中的关键功能;

(2) 在程序的模块结构中位于较高的层次;

(3) 较复杂、较易发生错误;

(4) 有明确定义的性能要求。

与之相反的是增量式集成测试,程序一段一段地扩展,每次测试的接口非常有限,错误易于定位和纠正,界面的测试也可做到完全彻底。

3.6.3　增量式集成测试

增量式集成测试是逐步实现的,它的基本思想是逐次将未集成测试的模块和已经集成测试的模块(或子系统)结合成程序包,再将这些模块集成为较大系统,在集成的过程中边连接边测试,以发现连接过程中产生的问题。

按照不同的实施次序,增量式集成测试又可以分为三种不同的方法:

(1) 自顶向下集成测试;

(2) 自底向上集成测试;

(3) 混合集成测试。

自顶向下法从主控模块(主程序)开始,沿着软件的控制层向下移动,从而逐渐把各个模块结合起来。在集成过程中,可以使用深度优先的策略或宽度优先的策略。

下面来看一下深度优先。仍以图 3.6 的程序为例,首先集成在结构中的一个主控路径下的所有模块,主控路径的选择是任意的。整个深度优先集成测试过程如图 3.8 所示。

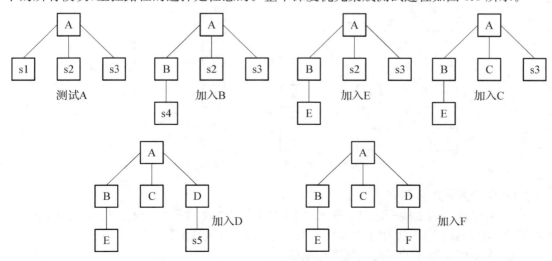

图 3.8　深度优先集成测试策略

再来看一下广度优先。仍以图3.6的程序为例,整个广度优先集成测试过程如图3.9所示。

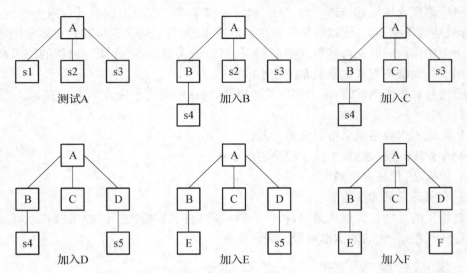

图3.9 广度优先集成测试策略

自顶向下法的主要优点是:① 不需要额外开发测试驱动程序;② 能够优化测试阶段的早期实现,并验证系统的主要功能;③ 在早期发现上层模块与其子模块的接口错误。其缺点是:① 桩模块开发和维护的成本大;② 底层组件的一个需要的修改会导致许多顶层组件的修改;③ 底层模块较多时,会导致底层模块未得到充分测试。

自底向上测试是从在软件结构最底层的模块开始集成以进行测试,如图3.10所示。

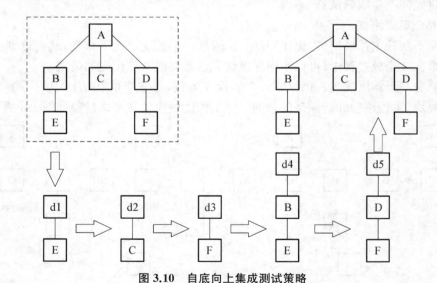

图3.10 自底向上集成测试策略

自底向上测试的步骤:

(1) 从最底层的模块开始组装测试,实现某个特定的软件子功能的簇的输入和输出;

(2) 编写驱动程序,即用于测试的控制程序,协调测试数据;

(3) 对由模块组成的子功能簇进行测试;

（4）使用实际模块代替驱动程序,沿着软件结构自下向上移动,将子功能簇组合起来形成更大的子功能簇;

（5）重复(2)～(4)过程,直到系统的最顶层模块加入系统中完成测试为止。

自底向上集成测试的优缺点与自顶向下集成测试刚好相反。

三明治集成是一种混合增殖式测试策略,即结合上述的两种方法,是"自顶向下"和"自底向上"方法的组合。将系统划分成三层,中间一层为目标层,目标层之上采用自顶向下的集成策略,之下采用自底向上的集成策略,如图 3.11 所示。

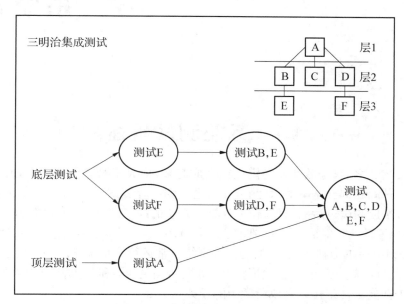

图 3.11　三明治集成测试方法示意图

首先,对目标层上面一层使用自顶向下集成,因此测试 A,使用桩代替 B,C,D;其次,对目标层下面一层使用自底向上集成,因此测试 E,F,使用驱动代替 B,D;再次,把目标层下面一层与目标层集成,因此测试(B,E),(D,F),使用驱动代替 A。最后,把三层集成到一起,因此测试(A,B,C,D,E,F)。

三明治集成测试综合了自顶向下和自底向上集成测试策略的优点,在实际项目中选择哪一种集成测试的策略要具体情况具体分析。

自底向上集成测试的优缺点:

优点:

（1）可以确保每个模块集成之前已经通过了充分的单元测试,从而降低了集成时发生错误的概率。

（2）使得底层关键模块可以尽早得到验证,确保系统核心功能稳定可靠。

缺点:

（1）在高层模块集成之前,由于上层模块尚未实现,必须开发驱动程序来模拟这些高层模块的功能,从而增加了测试的工作量和复杂性。

（2）因为测试从底层模块开始,系统的整体功能和高级功能的验证直到集成后期才能进行,因此,可能会延迟对系统全局性问题的发现。

第 4 章

系统测试

4.1　系统测试概述

经过集成测试之后,分散开发的模块被集成起来,构成相对完整的体系,其中各模块间接口存在的种种问题都已基本消除,测试开始进入到系统测试(System Test)阶段。系统测试是指将经过集成测试过后的软件,作为计算式系统的一个部分,与计算机硬件、某些支持软件、数据和平台等系统元素结合起来,在真实运行环境下对计算机系统进行一系列严格有效的测试后没有发现软件的潜在问题,目的是保证系统正常运行。系统测试一般由若干个不同测试类型组成,目的是充分运行系统,验证整个系统是否满足功能和非功能性的质量需求,如:

(1) 是否都能正常工作并完成所赋予的任务?

(2) 在大量用户使用的情况下,能否经得住考验?

(3) 系统出错了,能否很快恢复过来或将故障转移出去?

(4) 是否能长期地、稳定地运行下去?

在系统测试中,除了系统级的功能测试外,还有非功能性测试,如性能测试、安全性测试、兼容性测试等。这些往往可以借助测试工具完成。通常会使用特定的测试工具来模拟超常的数据量或其他各种负载,监测系统的各项性能指标,如线程、CPU、内存等使用情况、响应时间、数据传输量等。

4.2　功能测试

功能测试可以在单元测试中实施,也可以在集成测试、系统测试中进行,软件功能是最基本的,需要在各个层次保证功能执行的正确性。在单元功能测试中,其目的是保证所测试的每个独立模块的功能是正确的,主要从输入条件和输出结果来进行判断是否满足程序的设计要求。在系统集成过程之中或之后所进行的系统功能测试,不仅要考虑模块之间的相互作用,还要考虑系统的应用环境,其衡量标准是实现产品规格说明书上所要求的功能,特别需要模拟用户完成从端到端的业务测试,确保系统可以完成事先设计的功能,满足用户的实际业务需求。

4.2.1　等价类划分法

数据测试是功能测试的主要内容,或者说功能测试最主要的手段之一就是借助数据的输入输出来判断功能能否正常运行。在进行数据输入测试时,如果需要证明数据输入不会引起功能上的错误,或者其输出结果在各种输入条件下都是正确的,需要将可输入数据域内的值完全尝试一遍(即穷举法),但实际是不现实的。

假如一个程序 P 有输入量 I1 和 I2 及输出量 O,在字长为 32 位的计算机上运行。如果 I1 和 I2 均取整数,则测试数据的最大可能数目为:$2^{32} \times 2^{32} = 2^{64}$。

如果测试程序 P,采用穷举法力图无遗漏地发现程序中的所有错误,且假定运行一组 (I1,I2)数据需 1 ms,一天工作 24 h,年工作 365 天,则 2^{64} 组测试数据需 5 亿年。从而穷举测试通常是不能实现的。因此只能选取少量有代表性的输入数据,以期用较小的测试代价暴露出较多的软件缺陷。

为了解决这个问题,人们就设想是否可以用一组有限的数据去代表近似无限的数据,这就是"等价类划分"法的基本思想。等价类划分法就是解决如何选择适当的数据子集来代表整个数据集的问题,通过降低测试的数目去实现合理的覆盖,以期覆盖更多的可能数据,来发现更多的软件缺陷。等价类划分法是基于对输入或输出情况的评估,然后划分成两个或更多子集来进行测试的一种方法,即它将所有可能的输入数据(有效的或无效的)划分成若干个等价类,从每个等价类中选择一定的代表值进行测试。等价类划分法是黑盒测试用例设计中一种重要的、常用的设计方法,极大地提高了测试效率。

在进行等价类划分的过程中,不仅要考虑有效等价类划分,而且需要考虑无效等价类划分。有效等价类和无效等价类定义如下:

(1) 有效等价类是指输入完全满足程序输入的规格说明、有意义的输入数据所构成的集合,利用有效等价类可以检验程序是否满足规格说明所规定的功能和性能。

(2) 无效等价类和有效等价类相反,即不满足程序输出要求或者无效的输入数据构成的集合。使用无效等价类,可以测试程序/系统的容错性对异常输入情况的处理。

在程序设计中,不但要保证所有有效的数据输入能产生正确的输出,同时需要保证在输入错误或者空输入的时候能有异常保护,这样的测试才能保证软件的可靠性。

在使用等价类划分法时,设计一个测试用例,使其尽可能多地覆盖尚未被覆盖的有效等价类,重复这个过程,直至所有的有效等价类都被覆盖,即分割有效等价类直到最小。对无效等价类,进行同样的过程,设计若干个测试用例,覆盖无效等价类中的各个类。

来看一个案例,可以帮助读者更好地理解等价类划分法。图 4.1(a)为"我的南京"APP 登录页面,如果成功登录便能进入到(b)图所示的页面,如果登录失败则会给类似出图(c)的相关提示信息。

"我的南京"APP 登录功能有两个条件:登录名为手机号,密码 6—20 位(包括字母、数字、下划线),输入正确,进入"城市"页面,输入错误,系统给出相应错误提示信息,且页面不跳转。以手机号为例,手机号是 11 位的数字,它可以分解出两条规格需求:① 11 位,② 数字;另外它还有隐含的规格需求:要符合手机号的编码规则,例如,手机号的前三位是移动接入码,134 是移动号码、130 是联通、133 是电信,所有的手机号码都是以 1 开头的。输出等价类列表,如表 4.1 所示。

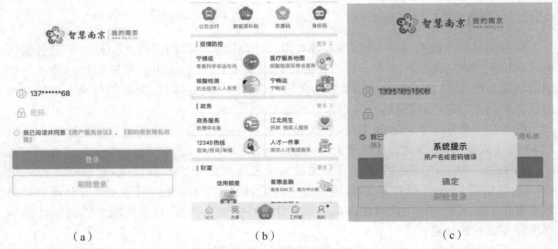

（a）   （b）   （c）

图 4.1 "我的南京"APP 登录

表 4.1 "我的南京"APP 登录功能等价类划分表

输入条件	有效等价类	编号	无效等价类	编号
登录名	手机号码为 11 位	1	手机号长度＝0	7
			手机号长度＝11	8
	手机号码合法	2	手机号为非法字符	9
			手机号不存在	10
	手机号码已注册	3	手机号未注册	11
密码	密码长度在 6—20 位之间	4	密码长度＝0	12
			密码长度＜6	13
			密码长度＞20	14
	密码由字母、数字、下划线组成	5	密码含非法字符	15
	密码为注册账号对应的正确密码	6	密码不是注册账号对应的正确密码	16

4.2.2 边界值分析法

实践证明，程序往往在输入输出的边界值情况下发生错误。边界包括输入等价类和输出等价类的大小边界，检查边界情况的测试用例是比较高效的，可以查出更多的错误。边界值分析法就是在某个输入输出变量范围的边界上，验证系统功能是否正常运行的测试方法。因为错误最容易发生在边界值附近，边界值分析法常被看作是等价类划分法的一种补充，两者结合起来使用更有效。这需要对用户的输入以及被测应用软件本身的特性进行详细分析，才能够识别出特定的边界值条件。另外，还需要选取正好等于、刚刚大于和刚刚小于边界值的数据作为测试数据。

（1）数值的边界值检验

计算机是基于二进制进行工作的，因此，软件的任何数值运算都有一定的范围限制，如

表 4.2 所示。

表 4.2　各类二进制数值的边界

项	范围或值
位（b）	0 或 1
字节（B）	0～255
字（Word）	0～65535（单字）或 0～42949697295（双字）
千字节（KB）	0～1024
兆字节（MB）	0～1048576
吉字节（GB）	0～1073741824
太字节（TB）	0～1099511627776

这样，在数值的边界值条件检验中，就可以参考这个表进行。如对字节进行检验，边界值条件可以设置成 254、255 和 256。

（2）字符的边界值检验

在计算机软件中，字符也是很重要的表示元素，其中 ASCII 和 Unicode 是常见的编码方式。在文本输入或者文本转换的测试过程中，需要清晰地了解 ASCII 码的一些基本对应关系，例如，小写字母 a 和大写字母 A 在表中的对应是不同的，而 0～9 的边界字符则为"/""："，这些也必须被考虑到数据区域划分的过程中，从而根据这些定义等价有效类来设计测试用例。

（3）其他边界值检验

如默认值、空值、空格、未输入值、零、无效数据、不正确数据和干扰数据等。

4.2.3　组合测试法

在等价类和边界值测试方法中，虽然各种输入条件可能出错的情况已经被考虑到，但多个输入情况组合起来可能出错的情况却没有得到充分测试。检验各种输入条件的组合不是一件容易的事情，因为即使将所有的输入条件划分成等价类，它们之间的组合情况也相当多，因此，需要考虑采用一种适合于多种条件的组合，相应地产生多个结果的方法来进行测试用例的设计，这就需要组合分析。

有如下程序，计算 4 个变量之间的开平方之和。

```
vector < float > AddPairSqrt( int a, int b, int c, int d)
std::vector < float > out(6, -1 );
if( a >= 0 && b >= 0)
    out[0]=(sqrt( a)+ sqrt(b));
if(a >= 0 && c >= 0)
    out[ 1 ]=(sqrt(a) * sqrt(c)); //Error
if(a >= 0 && d >= 0)
    out[2]=(sqrt(a)+ sqrt(d));
if(b >= 0 && c >= 0)
    out[3]=(sqrt(b)+ sqrt(c));
```

```
if(b>= 0 && d>= 0)
    out[4]=(sqrt(b)+ sqrt(d));
if(c>= 0 && d>= 0)
    out[5]=(sqrt(c)+ sqrt(d));
return out;
}
```

测试这一程序,显然应该考虑不同变量之间的关系,即不同变量取值之间的组合。最简单粗暴的方法是进行完全组合。假设 a,b,c,d 四个变量的等价类列表如表 4.3 所示,进行完成组合测试需要用到的用例列表如表 4.4 所示。

表 4.3 "计算变量开平方之和"程序的输入变量等价类列表

Input a	Input b	Input c	Input d
A1	B1	C1	D1
A2	B2	C2	D2
			D3

表 4.4 "计算变量开平方之和"程序的完全组合测试用例列表

Input a	Input b	Input c	Input d
A1	B1	C1	D1
A1	B1	C1	D2
A1	B1	C1	D3
A1	B1	C2	D1
A1	B1	C2	D2
A1	B1	C2	D3
A1	B2	C1	D1
A1	B2	C1	D2
A1	B2	C1	D3
A1	B2	C2	D1
A1	B2	C2	D2
A1	B2	C2	D3
A2	B1	C1	D1
A2	B1	C1	D2
A2	B1	C1	D3
A2	B1	C2	D1
A2	B1	C2	D2
A2	B1	C2	D3
A2	B2	C1	D1
A2	B2	C1	D2

Input a	Input b	Input c	Input d
A2	B2	C1	D3
A2	B2	C2	D1
A2	B2	C2	D2
A2	B2	C2	D3

测试用例数庞大,测试成本高,很多时候没有办法进行完全组合测试,所以需要在完全组合测试之上进行抽样。

有一种最典型的抽样方法叫 Pair-wise 方法。该方法也称为"成对组合测试",或者"两两组合测试",即将众多因素的值两两组合起来从而大大减少测试用例组合。前面例子中的程序,在使用 Pair-wise 方法进行用例设计时,得到的用例列表如表 4.5 所示。

表 4.5 "计算变量开平方之和"程序的 Pair-wise 方法测试用例列表

Input a	Input b	Input c	Input d
A1	B1	C1	D1
A1	B1	C2	D2
A1	B2	C1	D3
A2	B1	C2	D3
A2	B2	C1	D2
A2	B2	C2	D1

观察此表发现,a、b、c、d 任意两个测试变量之间的组合在测试用例中都出现了,这种测试方法考虑到了任意两个变量之间可能存在的联系。接下来对两两组合进行扩展,可得到 T-wise 组合测试。对上面的例子,令 T=3,就可以得到三维组合测试用例的集,如表 4.6 所示。

表 4.6 "计算变量开平方之和"程序的 T-wise(T=3)方法测试用例列表

Input a	Input b	Input c	Input d
A1	B1	C1	D1
A1	B2	C2	D1
A2	B1	C2	D1
A2	B2	C1	D1
A1	B1	C2	D2
A1	B2	C1	D2
A2	B1	C1	D2
A2	B2	C2	D2
A1	B1	C1	D3

续　表

Input a	Input b	Input c	Input d
A1	B2	C2	D3
A2	B1	C2	D3
A2	B2	C1	D3

还可以令 T 的取值更大,在本例中,当 T＝4 时,就是前面所讲的完全组合测试。

无论是 Pair-wise 测试还是 T-wise 测试,考虑的都是相同数量的变量之间的组合。而在实际中一个输出变量所涉及的输入变量的数量可能是不同的。假设第一个输出变量受到输入变量{a,b,c}的影响,第二个输出变量受到{a,d}两个变量的影响,第三个输出变量受到{c,d}两个变量的影响。这种情况对{a,b,c,d}进行二维的组合测试还是三维的组合测试都是不合适的,此时应该使用可变粒度的组合测试。根据输入和输出的具体关系来设计测试用例。例如,对影响关系 R＝{{input a, input b, input c},{input a, input d},{input c, input d}}进行可变粒度组合测试,得到测试用例列表如表 4.7 所示。

表 4.7　"计算变量开平方之和"程序的可变粒度测试用例列表

Input a	Input b	Input c	Input d
A1	B1	C1	D1
A1	B1	C2	D2
A1	B2	C1	D3
A1	B2	C2	D3
A2	B1	C1	D2
A2	B1	C2	D1
A2	B2	C1	D2
A2	B2	C2	D1

观察表 4.7 不难发现,输入变量{a,b,c}之间的所有取值组合都被覆盖到,输入变量{a,d}之间的所有取值组合被覆盖到,输入变量{c,d}之间的所有取值组合都被覆盖到,其他两个变量或者多个变量之间的组合在此不作考虑。

4.2.4　PICT 工具使用

PICT(Pairwise Independent Combinatorial Testing,PICT)是一个测试用例生成工具,它可以生成测试用例和测试配置,其理论基础是 Pair-wise 方法和 T-wise 方法。PICT 是微软公司开发开源测试用例设计工具。可以有效地按照 Pair-wise 测试和 T-wise 测试的原理,进行测试用例设计。在使用 PICT 时,需要输入与测试用例相关的所有参数,以达到全面覆盖的效果。

以某软件的登录功能为例,有用户名、密码、验证码、是否保存密码选项,该功能的等价类列表如表 4.8 所示。

表 4.8 某软件登录功能等价类列表

username	手机号,邮箱账号,昵称,非空字符,空
password	正确密码,错误密码,空
captcha	正确验证码,错误验证码,超时验证码,空
save_password	是,否

第一步:将等价类列表转换成测试用例输入,保存在 txt 文件中,并把该文件存放在 PICT 的安装目录下。

第二步:在安装目录运行 cmd 命令,输入命令 pict test1.txt(第一步保存的 txt 文件名为 test1.txt)时,如图 4.2 所示。

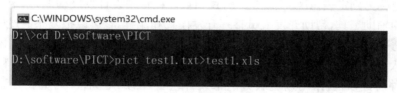

图 4.2 运行 PICT 命令

第三步:按回车键,将会自动产生两两组合测试用例,并保存在目标文件 test1.xls 中,打开 test1.xls,得到测试用例如图 4.3 所示。

	A	B	C	D
1	username	password	captcha	save_password
2	非空字符	错误密码	空	是
3	邮箱	正确密码	正确验证码	否
4	昵称	空	超时正确验证码	否
5	邮箱	空	错误验证码	是
6	非空字符	正确密码	错误验证码	否
7	非空字符	空	正确验证码	是
8	邮箱	正确密码	超时正确验证码	是
9	空	错误密码	正确验证码	否
10	昵称	正确密码	空	是
11	非空字符	错误密码	超时正确验证码	是
12	空	空	超时正确验证码	是
13	手机号	错误密码	错误验证码	是
14	昵称	错误密码	正确验证码	是
15	空	正确密码	错误验证码	否
16	手机号	正确密码	正确验证码	否
17	空	空	空	否
18	手机号	空	超时正确验证码	是
19	昵称	错误密码	错误验证码	否
20	手机号	空	空	否
21	邮箱	错误密码	空	是

图 4.3 PICT 工具自动生成的两两组合测试用例

生成的第 17 条用例,发现不符合要求,从要求中得知,用户名、密码、验证码最多只有 1

个为空,那应该如何处理? 这个时候可以在源文件 test1.txt 中添加如下约束条件:

IF [username] = "空" THEN [password]<>"空" AND [captcha] <>"空";

IF [password] = "空" THEN [username]<>"空" AND [captcha] <>"空";

IF [captcha] = "空" THEN [password]<>"空" AND [username] <>"空";

然后再重新执行第二步的命令,生成的便是过滤掉不符合要求的情况之后的用例列表。

如果要求覆盖所有用户名、密码、验证码组合测试项,该怎么处理? 应采用 T-wise 方法,令 T=3,可以在源文件中添加一条约束语句:{ username, password, captcha } @ 3,再执行第二步的命令,将会生成 100 条用例,由于数量过多,在此便不作图展示。

4.2.5 决策表

决策表也称为判定表,其实质就是一种逻辑表。在程序设计发展初期,判定表就已经被当作程序开发的辅助工具,帮助开发人员整理开发模式和流程,它可以把复杂的逻辑关系和多种条件组合的情况表达得既具体又明确,因此利用决策表可以设计出完整的测试用例集合。

每个输入条件和输出结果都可以使用成立和不成立来表示,即输入条件和输出条件只有 1 和 0 两种值,这时就采用判定表方法来设计组合(测试用例)。判定表方法是借助表格方式完成对输入条件的组合设计,以达到完全组合覆盖的测试效果。一个判定表由条件和活动(条件作为输入,活动作为输出)两部分组成,也就是列出一个测试活动执行所需的条件组合,所有可能的条件组合定义一系列的选择,而测试活动需要考虑每一个选择。例如,打印机是否能打印出正确的内容,有多个因素影响,包括驱动程序、纸张、墨粉等。判定表方法就是对多个条件的组合进行分析,从而设计测试用例来覆盖各种组合。判定表是从输入条件的完全组合来满足测试的覆盖率要求,具有很严格的逻辑性,所以基于判定表的测试用例设计方法是最严格的组合设计方法之一,其测试用例具有良好的完整性。

在了解如何制定判定表之前,先要了解 5 个概念——条件桩,动作桩、条件项,动作项和规则。

(1) 条件桩:列出问题的所有条件,如上述三个条件,驱动程序、纸张、墨粉等。

(2) 动作桩:列出可能针对问题所采取的操作,如打印正确内容、打印错误内容、不打印等。

(3) 条件项:针对所列条件的具体赋值,即每个条件可以取真值和假值。

(4) 动作项:列出在条件项(各种取值)组合情况下应该采取的动作。

(5) 规则:任何一个条件组合的特定取值及其相应要执行的操作。在判定表中贯穿条件项和动作项的一列就是一条规则。

制定判定表一般经过下面 4 个步骤。

(1) 列出所有的条件桩和动作桩;

(2) 填入条件项;

(3) 填入动作项,制定初始判定表;

(4) 简化、合并相似规则或者相同动作。

以"打印机打印文件"为例来说明如何制定判定表。首先列出所有的条件桩和动作桩,为了简化问题,不考虑中途断电、卡纸等因素的影响,那么条件桩为:

(1) 驱动程序是否正确?

(2) 是否有纸张?

（3）是否有墨粉？

动作桩有两种类型：打印内容和不同的错误提示。假定：首先警告缺纸，然后警告没有墨粉，最后警告驱动程序不对。下面输入条件项，即上述每个条件的值分别取"是（Y）"和"否（N）"，可以简化表示为 1 和 0。根据条件项的组合，容易确定其活动，如表 4.9 所示。

表 4.9   初始化的判定表

	序号	1	2	3	4	5	6	7	8
条件	驱动程序是否正确	1	0	1	1	0	0	1	0
	是否有纸张	1	1	0	1	0	1	0	0
	是否有墨粉	1	1	1	0	1	0	0	0
动作	打印内容	1	0	0	0	0	0	0	0
	提示驱动程序不对	0	1	0	0	0	0	0	0
	提示没有纸张	0	0	1	0	1	0	1	1
	提示没有墨粉	0	0	0	1	0	1	0	0

如果结果一样，某些因素取 1 或 0 没有影响，可以合并这两项，最终优化判定表如表 4.10 所示。根据表 4.10，就可以设计测试用例，每一列代表一条测试用例。

表 4.10   优化的判定表

	序号	1	2	4/6	3/7/8
条件	驱动程序是否正确	1	0	—	—
	是否有纸张	1	1	1	0
	是否有墨粉	1	1	0	—
动作	打印内容	1	0	0	0
	提示驱动程序不对	0	1	0	0
	提示没有纸张	0	0	0	1
	提示没有墨粉	0	0	1	0

4.2.6   因果图

因果图法是一种利用图解法分析输入的各种组合情况的测试方法，它考虑输入条件的各种组合及输入条件之间的相互制约关系，并考虑输出情况。例如，某一软件要求输入地址，具体到市区，如"北京→昌平区"，"天津→南开区"，其中第 2 个输入受到第 1 个输入的约束，输入的地区只能在输入的城市中选择，否则地址就是无效的。下面介绍如何使用因果图展示多个输入和输出之间的关系，以及如何通过因果图法来设计测试用例。

因果图既要处理输入之间的作用关系，还要考虑输出情况，因此它包含复杂的逻辑关系，这些复杂的逻辑关系通常用图示来展现，这些图示就是因果图。

因果图使用一些简单的逻辑符号和直线将程序的因（输入）与果（输出）连接起来，一般原因用 c 表示,结果用 e 表示,c 与 e 可以取值"0"或"1",其中"0"表示状态不出现,"1"表示状态出现。c 与 e 之间有恒等、非(～)、或(∨)、与(∧)4 种关系,如图 4.4 所示。

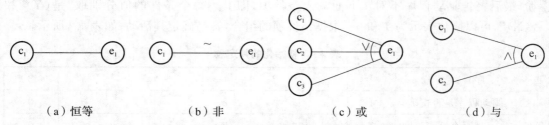

（a）恒等   （b）非   （c）或   （d）与

图 4.4　原因和结果之间的关系之因果图表示法

恒等:如果原因出现,则结果出现。如果原因不出现,则结果也不出现。

非:如果原因出现,则结果不出现。如果原因不出现,反而结果出现。

或(∨):若几个原因中有一个出现,则结果出现,几个原因都不出现,结果不出现。

与(∧):若几个原因都出现,结果才出现。若其中有一个原因不出现,结果不出现。

在软件测试中,如果程序有多个输入,那么除输入与输出之间的作用关系外,这些输入之间往往也会存在某些依赖关系,某些输入条件本身不能同时出现,某一种输入可能会影响其他输入。例如,某一软件用于统计体检信息,在输入个人信息时,性别只能输入男或女,这两种输入不能同时存在,而且如果输入性别为女,那么体检项就会受到限制。这些依赖关系在软件测试中称为"约束",约束的类别可分为 5 种:E(Exclusive,异)、I(At least one,或)、O(One and only one,唯一)、R(Requires,要求)、M(Mandatory,强制),在因果图中,用特定的符号表明这些约束关系,如图 4.5 所示。

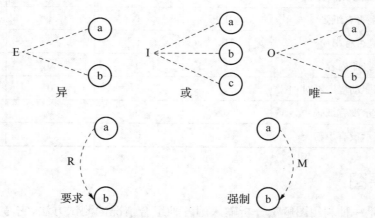

图 4.5　原因和原因之间的关系之因果图表示法

E(异):表示 a,b 两个原因不会同时成立,两个中最多有一个可能成立。

I(或):表示 a,b,c 三个原因中至少有一个必须成立。

O(唯一):表示 a 和 b 当中必须有一个,且仅有一个成立。

R(要求):表示当 a 出现的时候,b 必须出现。

M(强制):表示当 a 是 1 时,b 必须是 0,而 a 为 0 时,b 的值不确定。

使用因果图法设计测试用例的步骤如下:

（1）分析程序规格说明书描述内容，确定程序的输入与输出，即确定"原因"和"结果"；

（2）分析得出输入与输入之间、输入与输出之间的对应关系，将这些输入与输出之间的关系使用因果图表示出来；

（3）由于语法与环境的限制，有些输入与输入之间、输入与输出之间的组合情况是不可能出现的，对于这种情况，使用符号标记它们之间的限制或约束关系；

（4）将因果图转换为决策表；

（5）根据决策表设计测试用例。

因果图法考虑了输入情况的各种组合以及各种输入情况之间的相互制约关系，可以帮助测试人员按照一定的步骤高效率地开发测试用例。此外，因果图是由自然语言规格说明转化成形式语言规格说明的一种方法，它能够发现规格说明书中存在的不完整性和二义性，帮助开发人员完善产品的规格说明。

4.3　性能测试

4.3.1　性能测试概述

互联网的发展使得人们对软件产品与网络的依赖性越来越大，同时也加快了人们生活和工作的步伐。为了追求高质量、高效率的生活与工作，人们对软件产品的性能要求越来越高，例如，软件产品要足够稳定、响应速度足够快，在用户量、工作量较大时也不会出现崩溃或卡顿等现象。人们对软件产品性能的高要求，使得软件性能测试越来越受到测试人员的重视。

性能测试就是为了发现系统性能问题或获取系统性能相关指标（如运行速度、响应时间、资源使用率等）而进行的测试。一般在真实环境、特定负载条件下，通过工具模拟实际软件系统的运行及其操作，同时监控性能各项指标，最后对测试结果进行分析来确定系统的性能状况，整个过程就是性能测试。

4.3.2　性能测试类型

性能测试是一个统称，它其实包含多种类型，主要有负载测试、压力测试、并发测试、配置测试等，每种测试类型都有其侧重点，下面对这几个主要的性能测试类型分别进行介绍。

（1）负载测试

负载测试是指逐步增加系统负载，测试系统性能的变化，并最终确定在满足系统性能指标的情况下，系统所能够承受的最大负载量。负载测试类似于举重运动，通过不断给运动员增加重量，确定运动员身体状况保持正常的情况下所能举起的最大重量。

（2）压力测试

压力测试是在强负载下的测试，查看应用系统在峰值使用情况下操作行为，从而有效地发现系统的某项功能隐患、系统是否具有良好的容错能力和可恢复能力。压力测试分为高负载下的长时间（如 24 小时以上）的稳定性压力测试和极限负载情况下导致系统崩溃的破坏性压力测试。通过压力测试，可以更快地发现内存泄漏问题，还可以更快地发现影响系统稳定性的问题。压力测试可以揭露那些只有在高负载条件下才会出现的 Bug，如同步问题、内存泄漏。性能测试中还有一种压力测试叫作峰值测试，它是指瞬间将系统压力加载到最大,测试软件系统在极限压力下的运行情况。

（3）并发测试

并发测试是指通过模拟用户并发访问,测试多用户并发访问同一个应用、同一个模块或者数据记录时是否存在死锁或其他性能问题。并发测试一般没有标准,只是测试并发时会不会出现意外情况,几乎所有的性能测试都会涉及一些并发测试,例如,多个用户同时访问某一条件数据,多个用户同时在更新数据,那么数据库可能就会出现访问错误、写入错误等异常情况。

（4）配置测试

配置测试是指调整软件系统的软硬件环境,测试各种环境对系统性能的影响,从而找到系统各项资源的最优分配原则。配置测试不改变代码,只改变软硬件配置,例如,安装版本更高的数据库、配置性能更好的 CPU 和内存等,通过更改外部配置来提高软件的性能。

4.3.3 性能测试过程

系统性能测试过程是一个持续的测试和优化过程,即先进行性能测试,发现问题,试图处理问题以提高系统的性能,再进行性能测试,优化,直到达到满意的结果。一个具体的性能测试过程,可以按照下列步骤执行,如图 4.6 所示。

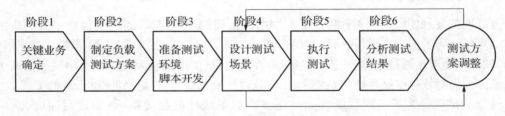

图 4.6 性能测试过程

其中,场景设置可以分为静态和动态两部分。静态部分是指设置模拟用户生成器、用户数量、用户组等,动态部分主要指添加性能计数器、检查点、阈值等,从而获得负载测试过程中反馈回来的数据——系统运行的动态状态,可以依据业务模式变化、随时间变化来进行设置。其中,同步点(或称集合点)用于同步虚拟用户恰好在某一时刻执行任务,确保众多的虚拟并发用户更准确、集中地进行某个设定的操作,达到更理想的负载模拟效果,同步点的设置如图 4.7 所示。

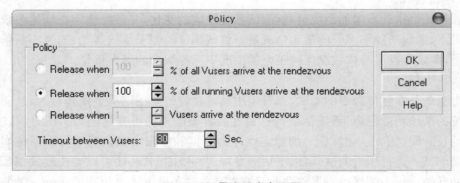

图 4.7 场景中同步点设置

4.3.4 系统负载及其模式

系统负载可以看作是"并发用户并发数量＋思考时间＋每次请求发送的数据量＋负载模式",那么什么是用户并发数量、思考时间和负载模式呢? 通过以下概念,就比较容易理解。

(1) 在线用户:通过浏览器访问登录 Web 应用系统后并且还没有退出该应用系统的用户。通常一个 Web 应用服务器的在线用户对应 Web 应用服务器的一个 Session。

(2) 虚拟用户:模拟浏览器向 Web 服务器发送请求并接收响应的一个进程或线程。

(3) 并发用户:严格意义上,这些用户在同一时刻做同一件事情或同样的操作,比如在同一时刻登录系统、提交订单等。不严格地说,并发用户同时在线并操作系统,但可以是不相同的操作,这种并发更接近用户的实际使用情况。

(4) 用户并发数量:就是上述并发用户的数量,可以近似于同时在线用户数量,但不一定等于在线用户的数量,因为有些在线用户不进行操作,或前后操作之间的间隔时间很长。

(5) 思考时间:浏览器在收到响应后到提交下一个请求之间的间隔时间。通过思考时间可以模拟实际用户的操作,思考时间越短,服务器就承受更大的负载。当所有在线用户发送 HTTP 请求的思考时间为零时,Web 服务器的并发用户数等于在线用户数。图 4.8 为性能测试工具 LoadRunner 中,思考时间的设置界面。

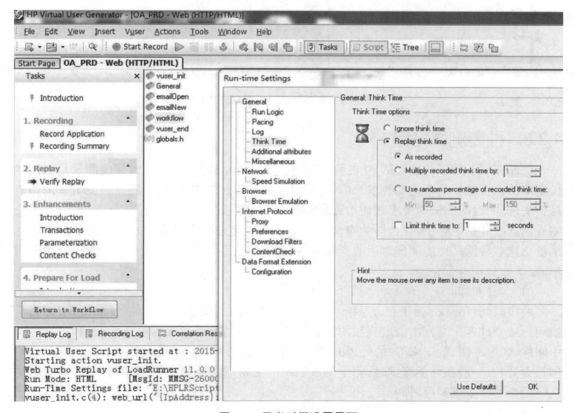

图 4.8 思考时间设置界面

（6）负载模式就是加载的方式，例如，是一次建立 200 个并发连接，还是每秒 10 个连接逐渐增加连接数，直至 200 个。还有其他的加载方式，如逐步加载、平均加载、随机加载、峰谷交替加载等方式。图 4.9 为递增加载模式设置举例。

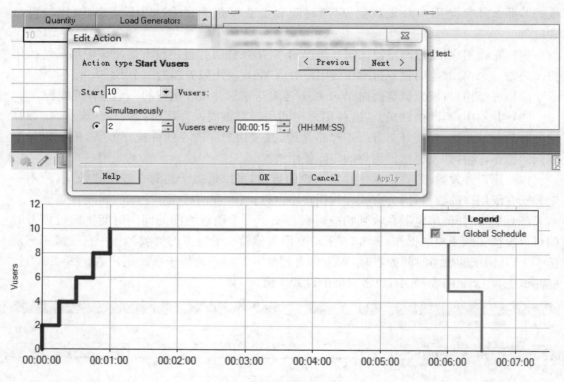

图 4.9　负载测试递增加载方式

4.3.5　性能测试指标

性能测试不同于功能测试，功能测试只要求软件的功能实现即可，而性能测试是测试软件功能的执行效率是否达到要求。例如，某个软件具备查询功能，功能测试只测试查询功能是否实现，而性能测试却要求查询功能足够准确、足够快速。但是，对于性能测试来说，多快的查询速度才是足够快，什么样的查询情况才足够准确是很难界定的，因此，需要一些指标来量化这些数据。性能测试常用的指标包括响应时间、吞吐量、并发用户数、TPS、资源利用率等，下面分别进行介绍。

（1）响应时间

响应时间（Response Time）是指系统对用户请求做出响应所需要的时间。这个时间是指用户从软件客户端发出请求到用户接收到返回数据的整个过程所需要的时间，包括各种中间件（如服务器、数据库等）的处理时间。系统的响应时间会随着访问量的增加、业务量的增长等变长，一般在性能测试时，除了测试系统的正常响应时间是否达到要求外，还会测试在一定压力下系统响应时间的变化。

（2）吞吐量

吞吐量（Throughput）是指单位时间内系统能够完成的工作量，它衡量的是软件系统服务器的处理能力。吞吐量的度量单位可以是请求数/秒、页面数/秒、访问人数/天、处理业务数/小时等。

（3）并发用户数

并发用户数是指同一时间请求和访问的用户数量。例如，对于某一软件，同时有 100 个用户请求登录，则其并发用户数就是 100。并发用户数量越大，对系统的性能影响越大，并发用户数量较大可能会导致系统响应变慢、系统不稳定等。软件系统在设计时必须考虑并发访问的情况，测试工程师在进行性能测试时也必须进行并发访问的测试。

（4）TPS（Transaction per Second）

TPS 是指系统每秒钟能够处理的事务和交易的数量，它是衡量系统处理能力的重要指标。

（5）资源利用率

资源利用率是指软件对系统资源的使用情况，包括 CPU 利用率、内存利用率、磁盘利用率等。资源利用率是分析软件性能瓶颈的重要参数。例如，某一个软件，预期最大访问量为 1 万，但是当达到 6 000 访问量时内存利用率就已经达到 80%，限制了访问量的增加，此时就需要考虑软件是否有内存泄漏等缺陷，从而进行优化。

4.3.6　性能测试结果分析

在测试过程中，要善于捕捉被监控的数据曲线发生突变的地方——拐点，这一点就是饱和点或性能瓶颈。例如，以数据吞吐量为例，刚开始，系统有足够的空闲线程去处理增加的负载，所以吞吐量以稳定的速度增长，然后在某一个点上稳定下来，即系统达到饱和点。在达到饱和点后，所有的线程都已投入使用，传入的请求不再被立即处理，而是放入队列中，新的请求不能及时被处理。因为系统处理的能力是一定的，如果继续增加负载，执行队列开始增长，系统的响应时间也随之延长。当服务器的吞吐量保持稳定时，就表示达到了给定条件下的系统上限，如图 4.10 所示。

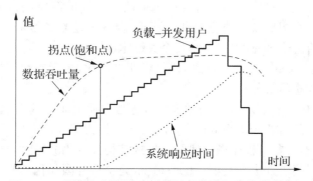

图 4.10　系统吞吐量、响应时间随负载增加变化的示意图

如果继续加大负载，系统响应时间可能会发生突变，即执行队列排得过长，无法处理，服务器接近死机或崩溃，响应时间就变得很长或无限长。但这种极限点有参考价值，可帮助改进设计和系统部署，但不应该作为正常的控制点。正常的控制点，应该是饱和点。

4.4 本地化测试

4.4.1 国产软件走向国际

进入 21 世纪,伴随改革开放推进,国产软件迎来发展的曙光,在国际市场上获得认可;同时,一批国产软件企业也开始走向国际舞台,焕发生机。从数据表现来看,国产软件行业业务收入从 2012 年的 2.5 万亿元左右增长至 2021 年的 9.5 万亿元左右。国产软件从业人数也由 2013 年的 470 万人增长至 2021 年的 809 万人,计算机软件著作权登记数量由 2012 年的 13.92 万件增加到 2021 年的 228 万件。

国产软件放眼全球,研发部门必须对标"国际一流"研发自己的产品,要以质量为重,不能只满足于"从能用到好用"的变化,还需要走向精品之路,也就是说要从追求"重数量"转变为追求"重质量"。

党的二十大提出,要加快建设世界一流企业。数字技术、数字经济是世界科技革命和产业变革的先机,软件作为数字技术和数字经济发展的基础,自然成为衡量全球数字经济竞争力的重要介质。需要在数字办公、网络安全、工业互联网、ERP 等关键软件领域打造一批优秀企业,推动关键领域软件国产化进程,并促进国产软件在全球市场的竞争力和市场份额得以跃升。对标世界一流标准,才能让国产软件真正走向国际。

4.4.2 软件本地化与软件国际化

随着软件市场越来越趋向于全球化的竞争,为了使将来软件产品可以走向世界,能够参与全球市场的竞争,在开发软件产品的过程中就需要考虑到如何适应国际化的需求、满足不同国家或地区的用户使用要求,包括不同语言、不同货币、不同计量单位和不同文化习俗等方面对软件产品所提出的要求,这就产生了软件本地化和国际化的概念。

软件本地化是将一个软件产品按特定国家或语言市场的需要进行全面定制的过程,包括翻译、重新设计、功能调整以及功能测试、是否符合各个地方的习俗、文化背景、语言和方言的验证等。在开始讨论之前,先来介绍几个关键术语。

(1) L10n:英文 Localization 一词的简写,意即本地化,由于首字母"L"和末尾字母"n"间有 10 个字母,所以简称 L10n。

(2) I18n:英文 Internationalization 的简写,意为国际化,由于首字母"I"和末尾字母"n"间有 18 个字符,所以简称 I18n。Internationalization 指为保证所开发的软件能适应全球市场的本地化工作,而不需要对程序做任何系统性或结构性变化的特性,这种特性通过特定的系统设计、程序设计、编码方法来实现。也就是说,完全符合国际化的软件产品,在对其进行本地化工作时,只要进行一些配置和翻译工作,不需要修改软件的程序代码。

(3) Locale:场所、本地,简单来说是指语言和区域进行特殊组合的一个标志。

(4) Globalization:即全球化,是一个概念化产品的过程,它基于全球市场考虑,以便一个产品只做较小的改动就可以在世界各地出售。全球化可以看作国际化和本地化两者合成的结果。它们之间的关系可用图 4.11 表示,在这里强调全球化是核心工作,只有满足全球化的要求之后才能容易实现本地化,而且翻译只是本地化工作的一部分,全球化是一个产品市场的概念。而本地化,首先想到的就是翻译问题,毋庸置疑,翻译在本地化工作中占据着重要地位,但绝不能把翻译等同于本地化,它和本地化还有很大差距。当文字被翻译后,还要对产品进行其他相应的更改,这些更改包括技术层面和文化层面的更改。

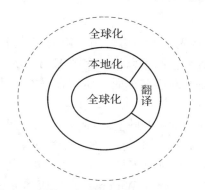

图 4.11 翻译、本地化与全球化之间的关系

人们常说的"国际化"是指产品走出国门,在其他国家销售。但在软件产品开发中,产品国际化有着不同的含义,意味着对软件"原始产品"本地化的支持,也就是为了解决软件能在各种不同语言、不同风俗的国家和地区使用的问题,对计算机设计和编程所做出的某些规定。为了减少本地化的工作,软件产品国际化应该具有下面一系列特性。

(1) 支持 Unicode 字符集;

(2) 分离程序代码和显示内容(文本、图片、对话框、信息框和按钮等),如将这些内容由源文件(如 *.rc、.properties)统一处理;

(3) 消除硬代码(指程序代码中所包含一些特定的数据,它们本应该作为变量处理,而对应的具体数据应该存储在数据库或初始化文件中);

(4) 使用 Header Files 去定义经常被调用的代码段;

(5) 改善翻译文本尺寸,具有调整的灵活性,如在资源文件中可以直接调整用户界面的灵活性来适应翻译文本尺寸;

(6) 支持各个国家的键盘设置,并有对应的热键处理;

(7) 支持文字不同方向的显示;

(8) 支持各个国家的度量衡、时区、货币单位格式等自定义功能;

(9) 用户界面(包括颜色、字体)等自定义特性。

软件本地化是国际化向特定本地语言环境的转换,即将软件从源语言转换成一种或多目标语言的过程,同时针对目标国家或地区,对产品的外观、参数设置等进行相应的处理,如:

(1) 软件用户界面默认值的设置;

(2) 联机文档(帮助文档、技术支持站点等);

(3) 数据库初始化工作;

(4) 热键设置;

(5) 度量衡和时区等。

国际化与本地化是一个辩证的关系,本地化要适应国际化的规定。而国际化是本地化的基础和前提,为本地化做准备,使本地化过程不需要对代码做改动就能完成,或将代码修改降到最低限度。

4.4.3　本地化测试要点

1. 字符集

要支持软件国际化特征,首先就要考虑使用正确的字符集。西方语言,如英语,法语和德语,使用不到 256 个字符,所以它们可以用单字节编码表示。可是亚洲语言,比如日文和中文,却有几万个字符,因此需要双字节编码。所以在做本地化测试时,应该检查开发人员是否使用了正确的字符编码。

字符集是操作系统中所使用的字符映射表,例如,早期的 UNIX 系统使用只包含 1 字符的 7-bit ASCII 字符集(包括 Tabs、空格、标点、符号、大小写字母、数字和回车键等),而对于很多语言来说,7-bit ASCII 字符集远远不够,因为它不包含特殊字符。所以后来出现了 8-bit ASCII,它包含 256 个字符。微软的 Windows 早期版本使用 ASCII 字符集,对于 UNIX 计算机,还有一个 ISO 标准(ISO 8859-X),和 8-bit ASCII 相似。即使拥有 256 个字符,8-bit ASCII 仍然无法满足所有语言的需求。汉语、日语和韩语的字符很多,无法适用扩展后的 ASCII 字符集,对于这些语言,可以使用 16-bit 字符集(双字节、多字节或变数字节),这就是统一的字符编码标准 Unicode,采用双字节对字符进行编码,几乎可以包含所有语言的每个字符。

2. 区域文化

在软件本地化过程中应该考虑各区域文化的影响,由于不同国家的文化差距,即使一个很小的细节,产生的理解也会不一致。我们需要关注图标、广告、宣传、政治术语、颜色、数字等内容。

(1) 图标:在使用图标时,需要注意慎用动物图案,不同的国家对动物的喜欢和反感的程度不同,如英国人不喜欢大象、孔雀。

(2) 广告宣传:在跨地区进行广告宣传时,一个品牌进入另一个市场必须考虑目标市场的社会形态、风俗习惯、消费者的背景、心理因素、宗教信仰、价值观等。如日本的一家电子产品公司初进印度市场时,推出了一款结合当地节日氛围的广告。在广告中,展示了家庭成员围坐在一起使用这款电子产品的场景,背景是印度著名的排灯节,充满了温馨的灯光和家庭氛围。通过这种方式,品牌不仅展示了其产品的现代化特性,还巧妙地融入了印度的文化和传统习俗,赢得了当地消费者的共鸣。

(3) 政治术语:在系统中应该注意地方规章、宗教信仰和政治术语等的使用。

(4) 颜色:在本地化过程中,界面颜色的选择也要注意,不同国家对待颜色也有所不同。如中国人以红色为喜庆的颜色,遇到节日,网站采用大量红色,而且在股票交易网站上,股票价格上涨为红色,股票价格下跌为绿色,正好和西方相反。在美国,股票价格上涨为绿色,股票价格下跌为红色。作为国际化的软件产品,颜色应该是可以定制的,在进行本地化时,需根据当地习俗将颜色重新设置,改变颜色的默认值。

(5) 数字:对数字的使用也需要注意,如日本人民忌讳数字"4",若产品一包中有四小包,在日本则不容易销售;西方人忌讳数字"13",很多大酒店没有第 13 层,从第 12 层直接到第 14 层。

(6) 地区宗教:几乎每个国家都有自己信仰的宗教,如佛教、道教、伊斯兰教、基督教、天主教、犹太教、东正教、印度教等,在本地化过程中使用的术语、颜色需要注意是否与当地的宗教信仰相冲突。

3. 数据格式

不同区域的数据格式表达有所不同,关于数据格式的本地化主要考虑以下几方面的问题。

(1) 数字

对于数字中的千位,不同国家使用的表达方式有所不同,有的国家使用点,有的使用句号,有的使用逗号,有的使用空格。针对各国数字的表示,在设计本地化软件时应该注意。

(2) 货币

除了数字转换外,对于货币单位不同的国家使用的符号也不相同,并且这些符号所在的位置也有所不同,有的在金额前面,有的在金额后面。

(3) 时间

对于时间的表示各国也有所不同,有的国家采用 24 小时来表示,有的国家采用 12 小时分上午、下午的方式来表示。

(4) 日期格式

对于日期格式的表示各国也有所不同,有的国家采用 MM/DD/YY 来显示月、日、年,有的国家则采用分隔符号(如“/”和“-”)来表示,中国则使用 YYYY 年 M 月 D 日来表示。

(5) 度量衡单位

很多国家使用的度量单位也不一致。虽然很多国家都已开始使用国际公制度量单位,如米、公里、克、千克、升等,但一些国家(如美国和英国)仍然使用自己国家的度量单位,如英尺、英里、英镑等。因此,在本地化过程中必须对各国的度量单位进行处理,一般情况下,系统应该提供用户可以设置度量单位和在不同度量单位之间的转换格式。

(6) 姓名格式

英文的姓名格式是名在前、姓在后,姓名之间需一个空格,但在许多东亚国家则姓在前、名在后,在本地化测试时需要考虑不同国家或地区的使用习惯。

(7) 索引和排序

英文排序和索引习惯上按照字母的顺序来编排,但是对于一些非字母文字的国家(如亚洲很多国家)来说,这种方法就不适用了,中国汉字可以按拼音、部首和笔画等不同的方法进行排序。即使是使用字母文字的国家,它们的排序方法和英文也有所不同,如德语有 30 个字母,在索引排序时应该对多出的 4 个字母进行考虑。所以,软件本地化应该根据不同国家和地区的语言习惯分别加以考虑。

4. 热键

热键即快捷键,指使用键盘上某几个特殊键组合起来完成一项特定任务。如在 Microsoft Word 中可以通过 Ctrl+A 组合键对文本内容进行全选,其中,字母“A”对应的单词为“All”。在本地化翻译过程中,当单词“All”被本地化后,很可能首字母不再为“A”,那么这个热键就会出错。假如本地化翻译为德文,单词“All”就翻译为“Todos”,此时,热键对应的应该修改为 Ctrl+T,否则在本地化操作过程中,该功能将失效。不过对于使用非字符文字的国家,依然沿用英文中的热键方式,如中国、日本、韩国等。

4.5　其他非功能测试

4.5.1　安全性测试

在 Internet 大众化、Web 技术飞速演变的今天，软件给人们带来便利的同时也带来了很多安全隐患。例如，2018 年 3 月，美国某运动品牌的移动应用程序遭受黑客攻击，导致大量账户信息泄露。软件安全测试是软件测试的重要研究领域，它是保证软件能够安全使用的最主要手段，做好软件安全测试的必要条件有两个，一是充分了解软件安全漏洞，二是拥有高效的软件安全测试技术和测试工具。本章将针对安全测试的相关知识进行讲解。

1. 常见的安全性漏洞

（1）SQL 注入

所谓 SOL 注入就是把 SOL 命令人为地输入 URL、表格域或者其他动态生成的 SQL 查询语句的输入参数中，最终达到欺骗服务器执行恶意的 SQL 命令。假设某个网站通过网页获取用户输入的数据，并将其插入数据库。正常情况下的 URL 地址如下：

http：//localhost/id = 222

此时，用户输入的 id 数据 222 会被插入数据库执行下列 SQL 语句。

Select ＊ from users where id = 222

但是，如果不对用户输入数据进行过滤处理，那么可能发生 SQL 注入。例如，用户可能输入下列 URL。

http：//localhost/id =''or'1'='1'

通过比较两个 SQL 语句，发现这两条 SQL 查询语句意义完全不同，正常情况下，SQL 语句可以查询出指定 id 的用户信息，但是 SQL 注入后查询的结果是所有用户信息。

SQL 注入是风险非常高的安全漏洞，可以在应用程序中对用户输入的数据进行合法性检测，包括用户输入数据的类型和长度，同时，对 SQL 语句中的特殊字符（如单引号、双引号，分号等）进行过滤处理。

值得一提的是，由于 SQL 注入攻击的 Web 应用程序处于应用层，因此大多防火墙不会进行拦截。除了完善应用代码外，还可以在数据库服务器端进行防御，对数据库服务器进行权限设置，降低 Web 程序连接数据库的权限，撤销不必要的公共许可，同时使用强大的加密技术保护敏感数据，并对被读取走的敏感数据进行审查跟踪等。

（2）XSS 跨站脚本攻击

XSS 是 Web 应用系统最常见的安全漏洞之一，主要源于应用程序对用户输入检查和过滤不足。攻击者可以利用 XSS 漏洞把恶意代码（HTML 代码或 JavaScript 脚本）注入网站中，当有用户浏览该网站时，这些恶意代码就会被执行，从而达到攻击的目的。通常，在 XSS 攻击中，攻击者会通过邮件或其他方式诱使用户点击包含恶意代码的链接，例如，攻击者通过 E-mail 向用户发送一个包含恶意代码的网站 home.com，用户点击链接后，浏览器会在用户毫不知情的情况下执行链接中包含的恶意代码，将用户与 home.com 交互的 Cookie 和 Session 等信息发送给攻击者，攻击者拿到这些数据之后，就会伪装成用户与真正的网站进行会话,从事非法活动,其过程如图 4.12 所示。

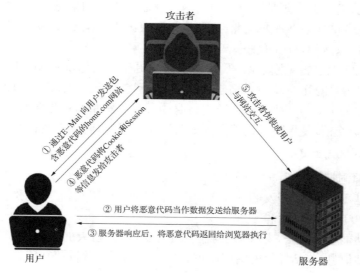

图 4.12　XSS 攻击过程

对于 XSS 漏洞,最核心的防御措施就是对用户的输入进行检查和过滤,包括 URL、查询关键字、HTTP 头、POST 数据等,仅接受指定长度范围、格式适当、符合预期的内容,对其他不符合预期的内容一律进行过滤。除此之外,当向 HTML 标签或属性中插入不可信数据时,要对这些数据进行相应的编码处理。将重要的 Cookie 标记为 http only,这样 JavaScript 脚本就不能访问这个 Cookie,避免了攻击者利用 JavaScript 脚本获取 Cookie。

（3）CSRF 攻击

CSRF 是一种针对 Web 应用程序的攻击方式,攻击者利用 CSRF 漏洞伪装成受信任用户的请求访问受攻击的网站。在 CSRF 攻击中,当用户访问一个信任网站时,在没有退出会话的情况下,攻击者诱使用户点击恶意网站,恶意网站会返回攻击代码,同时要求访问信任网站,这样用户就在不知情的情况下将恶意网站的代码发送到了信任网站,其过程如图 4.13 所示。

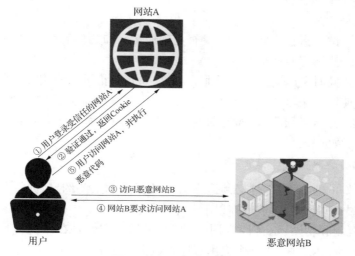

图 4.13　CSRF 攻击过程

CSRF 的攻击过程与 XSS 攻击过程类似,不同之处在于,XSS 是盗取用户信息伪装成用户执行恶意活动,而 CSRF 则是通过用户向网站发起攻击。如果将 XSS 攻击过程比喻为小偷偷取了用户的身份证去办理非法业务,那 CSRF 攻击则是骗子"劫持"了用户,让用户自己去办理非法业务,以达到自己的目的。

CSRF 漏洞产生的原因主要是对用户请求缺少更安全的验证机制。防范 CSRF 漏洞主要思路就是加强后台对用户及用户请求的验证,而不能仅限于 Cookie 的识别。例如,使用 HTTP 请求头中的 Referer 对网站来源进行身份校验,添加基于当前用户身份的 token 验证,在请求数据提交前,使用验证码填写方式验证用户来源,防止未授权的恶意操作。

2. 常见安全测试工具

(1) Web 漏洞扫描工具——AppScan

AppScan 是 IBM 公司开发的一款 Web 应用安全测试工具,它采用黑盒测试方式,可以扫描常见的 Web 应用安全漏洞。

AppScan 功能十分齐全,支持登录功能并且拥有十分强大的报表。扫描结果会记录描到的漏洞的详细信息,包括详尽的漏洞原理、修改建议、手动验证等功能。

(2) 端口扫描工具——Nmap

Nmap 是一个网络连接端口扫描工具,用来扫描网上计算机开放的网络连接端口,服务运行的端口,并且推断计算机运行的操作系统。它是网络管理员用以评估网络系统安全的必备工具之一。

支持测试对象交互脚本:交互脚本用于增强主机发现、端口扫描、版本侦测和操作系统侦测等功能,还可扩展高级的功能,如 Web 扫描、漏洞发现和漏洞利用等。

4.5.2　兼容性测试

兼容性测试包括软件兼容性、数据共享兼容性、硬件兼容性三个方面。假设新开发一个图形处理软件,自定义了一种特殊的图形存储格式以适应特殊的应用,那么该软件是否能在操作系统的不同版本上正常工作? 是否可以将图片存储为.bmp、.gif 、.jpg 等其他图像文件格式? 是否符合相应的文件标准? 是否也可以读取这些格式的文件并转换成自定义?

1. 软件兼容性测试

软件兼容性测试是指验证软件之间是否正确地交互和共享信息,包括同步共享、异步共享,还包括本地交互、远程通信交互。

软件兼容性要同时考虑向前和向后兼容,向后兼容是指可以使用以前版本的软件,而向前兼容是指可以使用未来版本的软件。当然并非所有软件都需要向前兼容或向后兼容测试,向后兼容是必要的,必须测试,而向前兼容不是必需的,而是努力做到的,在设计时要考虑和未来的软件、数据兼容。

2. 数据共享兼容性测试

为了获得良好的兼容性,软件必须遵守公开的标准和某些约定,允许与其他软件传输、共享数据。数据共享的兼容性表现在以下几个方面。

(1) 剪切,复制和粘贴:这是经常用的功能,实际上它就是在不同应用上的数据共享。剪贴板只是一个全局内存块,当一个应用程序将数据传送给剪贴板后,通过修改内存块分配标志,把相关内存块的所有权从应用程序移交给 Windows 自身。其他应用程序可以通过一个句柄找到这个内存块,从而能够从内存块中读取数据。这样就实现了数据在不同应用程序间的传输。

(2) 文件的存取:文件的数据格式必须符合标准,能被其他应用软件读取。例如,微软 Excel 文件可以转化为 HTML 格式供浏览器直接打开,而应用软件的数据可以转化成 csv 格式,供 Excel 读取,自动形成 Excel 表格。现在通用的数据交换格式主要有 XML (eXtensibleMarkup Language)、JSON (JavaScript Object Notation)、GPB(Google Protocol Buffers) 和 LDIF(LDAP Data Interchange Format)等。

(3) 文件导入和导出:是许多应用程序与自身以前版本、其他应用程序保持兼容的方式。例如,微软 Outlook 就可以导出通信录,通过手机导入这些信息。如果开发一个应用软件,用户需要管理联系人,那么这个软件最好要提供通信录导入功能,包括导入 MS Outlook、IBMLotus Notes、Gmail、Yahoo IM、LinkedIn 等应用的通信录,提高软件的竞争力。

3. 硬件兼容性测试

硬件兼容性测试也就是硬件配置测试。以图像编辑软件为例,在开发环境中软件正常运行,另外选择三款流行的显卡,如果当配置某一款显卡运行时发生故障或系统崩溃,那么可以判断是硬件兼容性问题。

4.5.3　可靠性测试

可靠性(Reliability)是产品在规定的条件下和规定的时间内完成规定功能的能力,它的概率度量称为可靠度。软件可靠性是软件系统的固有特性之一,它表明一个软件系统按照用户的要求和设计的目标,执行其功能的可靠程度。软件可靠性与软件缺陷有关,也与系统输入和系统使用有关。理论上说,可靠的软件系统应该是正确、完整、一致和健壮的。但实际上任何软件都不可能达到百分之百正确,而且也无法精确度量。一般情况下,只能通过对软件系统进行测试来度量其可靠性。

软件可靠性主要包含以下三个要素:

(1) 规定的时间。软件可靠性只体现在其运行阶段,所以将"运行时间"作为"规定的时间"的度量。"运行时间"包括软件系统运行后工作与挂起(开启但空闲)的累计时间。由于软件运行的环境与程序路径选取的随机性,软件的失效为随机事件,所以运行时间属于随机变量。

(2) 规定的环境条件。环境条件指软件的运行环境。它涉及软件系统运行时所需的各种支持要素,如支持硬件、操作系统、其他支持软件、输入数据格式和范围以及操作规程等。不同的环境条件,软件的可靠性是不同的。具体地说,规定的环境条件主要是描述软件系统运行时计算机的配置情况以及对输入数据的要求,并假定其他一切因素都是理想的。有了明确规定的环境条件,可以有效判断软件失效的责任在用户方还是研制方。

(3) 规定的功能。软件可靠性还与规定的任务和功能有关。由于要完成的任务不同,软件的运行剖面会有所区别,因此调用的子模块就不同(即程序路径选择不同),其可靠性也就可能不同,所以要准确度量软件系统的可靠性必须首先明确它的任务和功能。

4.5.4　容错性测试

容错性测试主要检查系统的容错能力,检查软件在异常条件下自身是否具有防护性的措施或者某种灾难性恢复的手段。如当系统出错时,能否在指定时间间隔内修正错误并重新启动系统。容错性测试可以看作可靠性测试和健壮性测试的组成部分,容错性测试首先要通过各种手段,让软件强制性地发生故障,然后验证系统是否能尽快恢复。容错性测试包括以下两个方面。

(1) 输入异常数据或进行异常操作,以检验系统的保护性。如果系统的容错性好,系统只给出提示或内部消化掉,而不会导致系统出错甚至崩溃。

(2) 灾难恢复性测试。通过各种手段,让软件强制性地发生故障,然后验证系统已保存的用户数据是否丢失、系统和数据是否能尽快恢复。

对于自动恢复需验证重新初始化,检查点,数据恢复和重新启动等机制的正确性;对于人工干预的恢复系统,还需估测平均修复时间,确定其是否在可接受的范围内。容错性好的软件能确保系统不发生无法预料的事故。

第 5 章

验收与转维护测试

5.1　验收测试概述

验收测试(Acceptance Testing)是向未来的用户表明系统能够像预定的要求那样工作。通过综合测试之后,软件已全部组装起来,接口方面的错误也已排除,软件测试的最后一步—验收测试即可开始。

验收测试的目的是确保软件准备就绪,并且可以让最终用户将其用于执行软件的既定功能和任务。验收测试是检验软件产品质量的最后一道工序。它通常更突出客户的作用,同时软件开发人员也有一定的参与。如何组织好验收测试并不是一件容易的事。以下对验收测试的任务、目标以及验收测试的组织管理进行详细介绍。

软件验收测试应完成的工作内容如下:要明确验收项目,规定验收测试通过的标准;确定测试方法;决定验收测试的组织机构和可利用的资源;选定测试结果分析方法;指定验收测试计划并进行评审;设计验收测试所用的测试用例:审查验收测试的准备工作;执行验收测试;分析测试结果;做出验收结论,明确通过验收或不通过验收,给出测试结果。

5.2　验收测试策略

选择验收测试的策略通常建立在合同需求、组织和公司标准以及应用领域的基础上。实施验收测试的常用策略有如下 3 种。

(1) 正式验收测试

正式验收测试是一项管理严格的过程,它通常是系统测试的延续。计划和设计这些测试的周密和详细程度不亚于系统测试。选择的测试用例应该是系统测试中所执行测试用例的子集。不能偏离所选择的测试用例方向,这一点很重要。在很多组织中,正式验收测试是完全自动执行的。对于系统测试,活动和工件是一样的。在某些组织中,开发组织(或其独立的测试小组)与最终用户组织的代表一起执行验收测试。在其他组织中,验收测试则完全由最终用户组织执行,或者由最终用户组织选择人员组成一个客观公正的小组来执行。

（2）非正式验收或 Alpha 测试

在非正式验收测试中，执行测试过程的限定不像正式验收测试中那样严格。在此测试中，确定并记录要研究的功能和业务任务，但没有可以遵循的特定测试用例。测试内容由各测试员决定。这种验收测试方法不像正式验收测试那样组织有序，更为主观。大多数情况下，非正式验收测试是由最终用户组织执行的。

（3）Beta 测试

与以上两种验收测试策略相比，Beta 测试需要的控制是最少的。在 Beta 测试中，采用的细节多少、数据和方法完全由各测试员决定。各测试员负责创建自己的环境并选择数据，然后决定要研究的功能、特性或任务。各测试员负责确定自己对于系统当前状态的接受标准。Beta 测试由最终用户实施，通常开发组织对其管理很少或不进行管理。Beta 测试是所有验收测试策略中最主观的。

5.3　安装升级测试

软件的安装测试是容易被忽略的一个环节，开发和测试人员均为专业人员，在开发和测试的过程和环境中容易忽略对非专业人员造成的问题。

软件产品的日益丰富，使可获得软件的途径也多种多样，软件的安装方式也发生了很大变化，有客户端软件的安装、直接通过浏览器下载安装，还有服务器端的系统部署，随着软件即服务（Software as a Service）和云服务等的发展与应用，系统部署越来越普遍，其中包括系统的升级、在系统运行时打补丁（Patch）等。客户端安装和服务器系统部署有很大差别，客户端安装测试时，要验证能否安装成功、安装步骤是否清晰、中途是否退出、安装完之后能否顺利卸载、卸载时是否破坏用户数据、是否能正常升级等内容；而完整的系统部署更复杂，需要考虑更多因素，包括服务器架构、环境配置、数据备份等。安装测试时，一般要注意以下几个方面。

（1）一般严格按照安装文档中的说明，一步一步地进行操作，最好从文档中复制出各种操作命令及其参数，确保输入到计算机的命令和文档中的内容一致。检查系统安装是否能够安装所有需要的文件和数据，并完成必要的系统设置。

（2）软件的安装说明书有无对安装环境做出限制和要求，至少在标准配置和最低配置两种环境下安装。

（3）安装过程是否简单，容易掌握。软件的安装说明书与实际安装步骤是否一致。对一般用户而言，长的安装文档、复杂的操作步骤往往造成畏惧心理，如果实际步骤与安装说明再有出入，就很容易让用户缺乏信心，增加技术支持的成本。

（4）安装过程是否有明显的、合理的提示信息，如选择/更改目录、安装的进程、下一步操作提示、中途退出等都应明确提示。同时需要注意升级安装后，应确保用户数据得到保护并能继续使用。

（5）卸载测试也是安装测试的一部分。卸载后，文件、目录、快捷方式等是否清除，占用的系统资源是否全部释放、是否影响其他软件的使用。更重要的是，用户数据是否被保留，不能被删除，如果要删除，也需要提示用户，由用户做出选择。

（6）安装过程中是否会出现不可预见的或不可修复的错误，进一步验证安装过程中（特别是系统软件）对硬件的识别能力、是否会破坏其他文件或配置。

（7）安装程序是否占用太多系统资源、是否有冲突、是否会影响原系统的安全性。

（8）软件安装的完整性和灵活性。大型的应用程序会提供多种安装模式（最大、最小、自定义等），每种模式是否能够正确地执行，以及是否可以中止并恢复现场。

（9）软件使用的许可号码或注册号码的验证，用户许可协议的条款要保证其合理、合法。

5.4 版本转维护测试

维护测试指的是针对运行系统的更改，或者新的环境对运行系统的影响而进行的测试。这个定义里面涉及一个"运行系统"，所谓"运行系统"指的是这个系统已经在用户或者客户环境中使用了。一旦运行系统需要进行变更，或者运行系统的环境发生了变化，那么就需要进行维护测试。所以从理论上来判断一个测试是否属于维护测试的关键，是看被测试对象是否已经是运行系统。

在 Charter（制定项目章程阶段）和可全球发布阶段（General Availability，GA）之间的测试通常被称为在研测试。位于 GA 和停止服务（End Of Service，EOS）之间的测试称为维护测试。

可以看出维护测试是一个新的测试活动维度，主要根据系统是否已发布并在实际环境中运行来区分。这个维度和上面提到的测试类型和测试级别又是不同的。可以很容易知道：维护测试中可以用到前面提到的所有测试方法和技术。

首先需要关注什么时候会触发维护行为。针对一个运行的系统，什么时候会触发维护呢？常见的原因分类如下：

修改：计划中的增强改进、纠正和紧急变更、运行环境的改变（例如，计划中的操作系统或数据库升级）、COTS 软件升级（如果系统使用了第三方软件，当这些软件的新版本可用时，需要进行升级和适应性维护）以及缺陷和漏洞的补丁；

移植：例如，从一个平台迁移到另一个平台，这可能需要对新环境和已变更的软件进行操作测试，或者将来自另一个应用程序的数据迁移到正在维护的系统时进行数据转换测试；

退役：如应用程序到其生命周期结束，即当应用程序或系统退役时，如果需要较长的数据保存时间，则可能需要测试数据迁移或存档。可能还需要在长时间保存后进行恢复规程的测试。此外，可能需要进行回归测试，以确保任何仍在使用的功能依然有效。

另外，影响分析是软件维护阶段中至关重要的活动，它有助于理解和评估变更对现有系统的潜在影响。影响分析是针对维护版本的变更进行评估，以确定变更的预期后果以及变更的可能的副作用，并确定系统中将受变更影响的领域。影响分析常见的一些挑战包括：

（1）规格说明（如业务需求、用户故事、架构）过时或缺失；

（2）测试用例没有文档化或过时；

（3）没有维护测试与测试依据之间的双向可追溯性；

（4）工具支持薄弱或不存在；

（5）参与的人员不具备领域和/或系统知识；

（6）开发过程中对软件的可维护性关注不够。

通过充分准备和执行维护测试活动，可以确保维护变更的成功引入，同时最小化可能的副作用和风险，这有助于保持系统的可靠性和稳定性。

## 第二篇

测试项目管理

成功的软件测试离不开测试活动的组织与测试过程的管理，没有测试目标、没有活动组织、没有过程控制的测试注定会失败。一个软件的测试工作，不是一次简单的测试活动，它和软件开发一样，属于软件工程的一个项目。因此，对软件测试的有效管理是软件测试是否成功的重要因素。

这一篇共有三章。

第六章　测试计划与测试需求：参考软件需求规格说明书项目总体计划等文档确定本次的测试范围、测试内容、进度安排以及人力、物力等资源的分配，制定整体测试策略。阅读需求，理解需求，分析需求点，参与需求评审会议。

第七章　测试用例设计与编写：主要任务是依据需求文档、概要设计、详细设计等文档设计测试用例，用例编写完成后会进行评审。

第八章　测试执行：测试设计完成后紧接着进入测试执行阶段，包括搭建环境、执行测试(或根据需要进行回归测试)、缺陷管理、输出测试报告等。

该部分会借助测试管理工具对所涉及的知识分章节进行讲解。测试管理工具是指在软件开发过程中，对测试需求、计划、用例和实施过程进行管理、对软件缺陷进行跟踪处理的工具。通过使用测试管理工具，测试人员或开发人员可以更方便地记录和监控每个测试活动、阶段的结果，找出软件的缺陷和错误，记录测试活动中发现的缺陷并提出改进建议。通过使用测试管理工具，测试用例可以被多个测试活动或阶段复用，可以输出测试分析报告和统计报表。有些测试管理工具可以更好地支持协同操作，共享中央数据库，支持并行测试和记录，从而大大提高测试效率。常用的测试管理工具有 TestDirector，jira，Quality Center，ClearQuest，禅道等。在本部分选用禅道。该软件整合了 Bug 管理、测试用例管理、发布管理、文档管理等功能，完整地覆盖了软件研发项目的整个生命周期。在禅道软件中，明确地将产品、项目、测试三者概念区分开，产品人员、开发团队、测试人员，三者分立，互相配合，又互相制约，通过需求、任务、Bug 来进行交流互动，最终通过合作使产品达到合格标准。

【微信扫码】
本篇配套资源

第6章

测试计划与测试需求

6.1 测试计划

6.1.1 测试计划制定

软件测试是有计划、有组织、有系统的软件质量保证活动,不是随意的、松散的、杂乱的活动过程。为了规范软件测试的内容、方法和过程,在对软件进行测试之前,必须创建测试计划。

一份良好的测试计划,其主要内容包括以下几个方面。

(1) 测试目标:包括总体测试目标以及各阶段的测试对象、目标及其限制。

(2) 测试需求和范围:确定哪些功能特性需要测试,包括功能特性分解、具体测试任务的确定,如功能测试、用户界面测试、性能测试等。

(3) 测试风险:潜在的测试风险分析、识别,以及风险规避、监控和管理。

(4) 项目估算:根据历史数据,采用恰当的评估方法及时对工作量、测试周期以及所需资源做出合理的估算。

(5) 测试策略:根据测试需求和范围、测试风险、测试工作量和测试资源限制等确定测试策略,测试策略是测试计划的关键内容。

(6) 测试阶段划分:划分合理的测试阶段,并定义每个阶段的进入要求及完成的标准。

(7) 项目资源:各个测试阶段的资源分配,包括软、硬件资源分配和人力资源的组织和建设等,如测试人员的角色、责任和测试任务分配等均属于人力资源管理的内容。

(8) 日程:确定各个测试阶段的结束日期以及最后测试报告的递交日期。

(9) 跟踪和控制机制:问题跟踪报告、变更控制、缺陷预防和质量管理等,如可能导致测试计划变更的事件,包括测试工具的改进、测试环境的影响和新功能的变更等。

6.1.2 测试计划编写策略

测试计划的编写应依据项目计划,项目计划的评估状态以及对业务的理解尽早开始。编写需要经过评估项目计划和状态、组建测试小组、了解并评价项目风险、制订测试计划、审查测试计划等步骤,一般由测试组长或有经验的测试人员来完成。

编写策略很多,多数都借助 5W 工作法完成。5W 规则指的是 What(做什么)、Why(为什么做)、When(何时做)、Where(在哪里)、How(如何做)。利用 5W 规则创建软件测试计划,可以帮助测试团队理解测试的目的(Why),明确测试的范围和内容(What),确定测试的开始和结束日期(When),指出测试的方法和工具(How),给出测试文档和软件的存放位置(Where)。为了使 5W 规则更具体化,需要准确理解被测软件的功能特征、应用行业的知识和软件测试技术,在需要测试的内容里面突出关键部分,可以列出关键及风险内容、属性、场景或测试技术。对测试过程的阶段划分、文档管理、缺陷管理、进度管理给出切实可行的方法。

需要注意的是,测试计划中必须制定测试的优先级和重点。完成后的测试计划应按照项目编码或软件名称和版本进行管理,所有文档放置于配置管理库中。

与项目计划一样,测试计划是一个发展变化的文档,会随着项目的进展、人员或环境的变动而变化,因此应确保测试计划是最新的,测试计划变更后应该通知相关人员根据最新的测试计划执行测试工作。

6.2　软件测试项目初始化

在通过测试管理工具对软件测试项目进行初始化时,需要由管理员建立部门和用户,由产品经理建立产品和需求,由项目经理关联需求并立项。

6.2.1　新建部门和用户

(1) 在禅道的首页选择"开源版",如图 6.1 所示。

图 6.1　禅道首页

(2) 进入禅道登录页面,如图 6.2 所示。

图 6.2　登录页面

（3）使用管理员（admin）账号登录后将进入图 6.3 所示的界面。

图 6.3　登录成功

（4）进入"组织"→"部门"的链接页面，新建 3 个部门并保存，如图 6.4 所示。

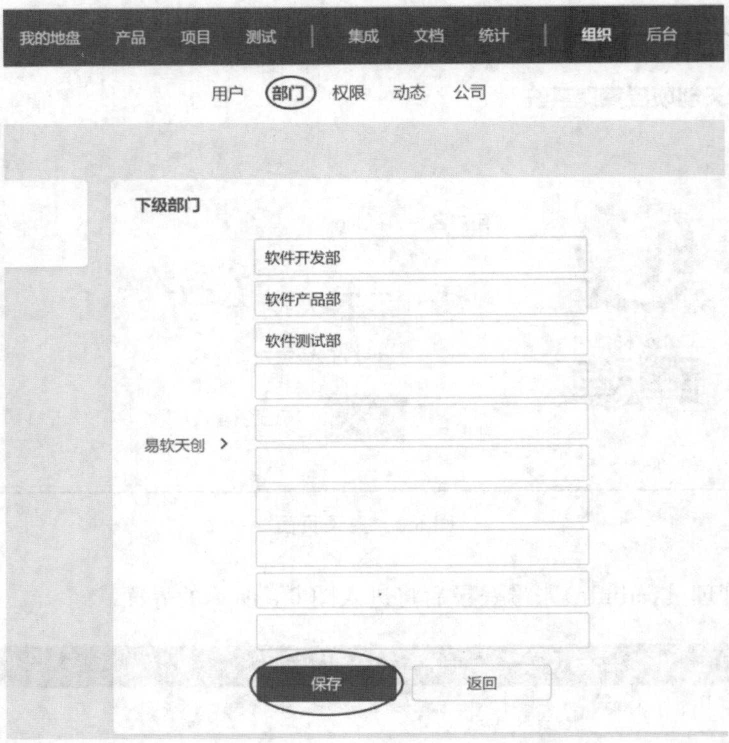

图 6.4 添加 3 个部门

（5）进入"组织"→"用户"→"＋添加用户"的链接页面，添加"项目经理"账户并保存，如图 6.5 和 6.6 所示（邮箱和源代码账号可以为空，其中"您的系统登录密码"为管理员 admin 的密码）。

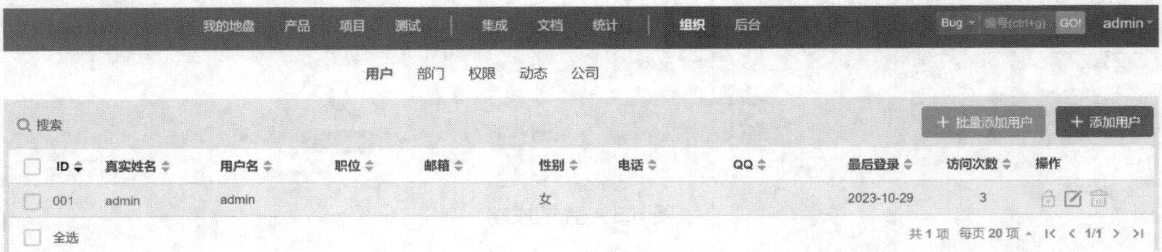

图 6.5 添加用户

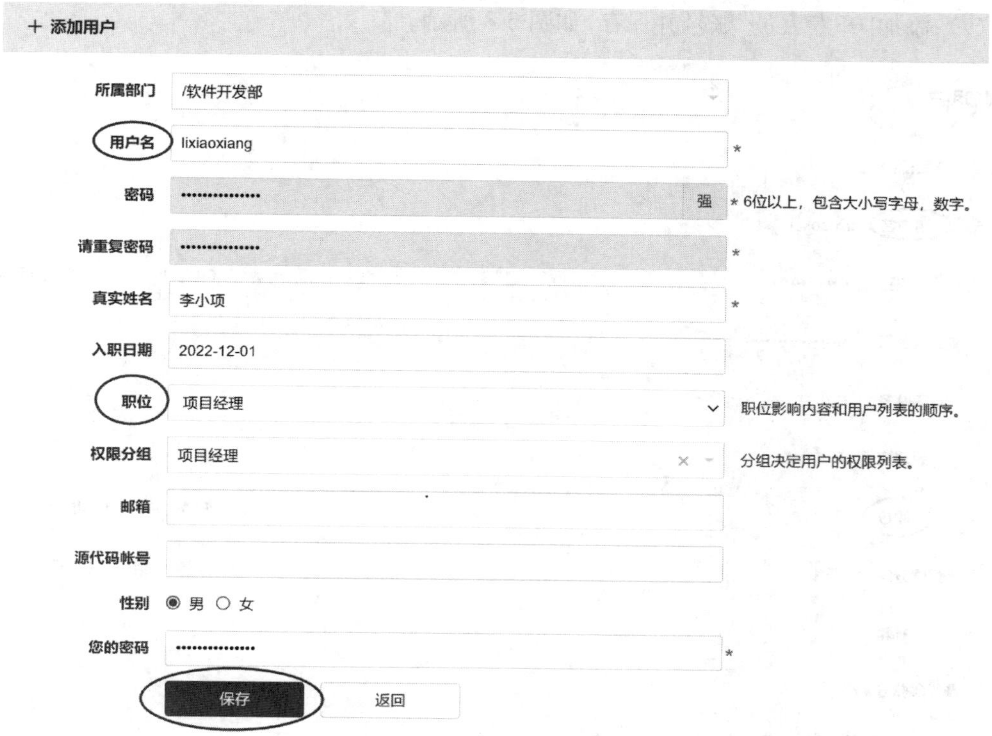

图 6.6 添加“项目经理”

（6）添加“产品经理”账户并保存，如图 6.7 所示。

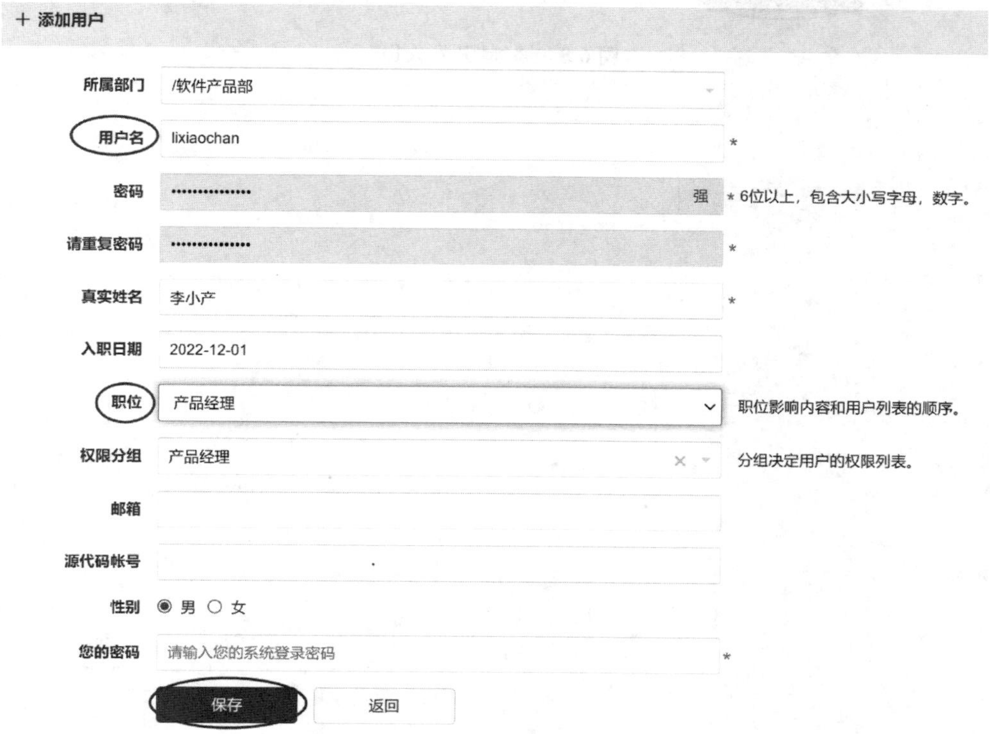

图 6.7 添加“产品经理”

（7）添加"开发人员"账号并保存，如图 6.8 所示。

+ 添加用户

所属部门	/	▼	
用户名	lixiaokai		*
密码	••••••••••••••	强	* 6位以上，包含大小写字母，数字。
请重复密码	••••••••••••••		*
真实姓名	李小开		*
入职日期	2022-12-01		
职位	开发	▼	职位影响内容和用户列表的顺序。
权限分组	开发	× ▼	分组决定用户的权限列表。
邮箱			
源代码帐号			
性别	● 男 ○ 女		
您的密码	请输入您的系统登录密码		*

保存　　返回

图 6.8　添加"开发人员"

（8）添加"测试人员"账户并保存，如图 6.9 所示。

＋ 添加用户

所属部门	/
用户名	lixiaoce *
密码	••••••••••••• 强 ＊6位以上，包含大小写字母，数字。
请重复密码	••••••••••••• ＊
真实姓名	李小测 ＊
入职日期	2022-12-01
职位	测试 职位影响内容和用户列表的顺序。
权限分组	测试 × 分组决定用户的权限列表。
邮箱	
源代码帐号	
性别	● 男 ○ 女
您的密码	请输入您的系统登录密码 ＊

保存　**返回**

图 6.9　添加"测试人员"

6.2.2　添加产品和需求

（1）产品经理李小产登录禅道系统，进入"产品"→"＋添加产品"的链接页面，新建产品并保存，如图 6.10 和 6.11 所示。还可以继续在产品下面添加模块（如注册、登录、词汇管理、文章与测验管理、视频管理）。

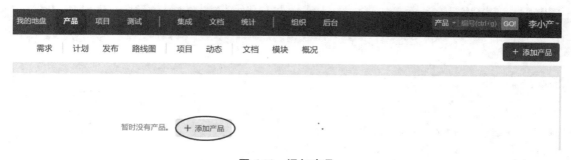

图 6.10　添加产品

添加产品

产品名称	英语学习APP	*
产品代号	001	*
产品线		维护产品线
产品负责人	L:李小产	× ▾
测试负责人	L:李小测	× ▾
发布负责人	L:李小产	× ▾
产品类型	正常	▾

H1▾ ℱ▾ ₸T▾ A▾ **A**▾ **B** *I* U ▤ ▤ ▤ ▤ ▤ ☺ ▦ ▣ ⚭ ▦ ◰ ↺ ↻ ▱ ▣ ▤ ▯ ◉

英语学习APP，产品代号001

产品描述

访问控制
- ◉ 默认设置(有产品视图权限，即可访问)
- ○ 私有产品(只有产品相关负责人和项目团队成员才能访问)
- ○ 自定义白名单(团队成员和白名单的成员可以访问)

[保存] [返回]

图 6.11   添加"英语学习 APP"产品

（2）产品添加成功后系统自动跳转到需求模块的页面，进入"需求"→"＋提需求"链接页面，添加需求并保存，如图 6.12 和 6.13 所示。

图 6.12   提需求

提需求

| 所属产品 | 英语学习APP | 所属模块 | / | 维护模块 刷新 |

计划　　　　　　　　　　　　　　　　　　+ ↻　需求来源 产品经理　　　×　来源备注

由谁评审　　　　　✓ 不需要评审

需求名称　英语学习APP第一期需求　　　　　　　　　　　　* 优先级 ③ 预计 工时

功能描述：对用户身份验证，只有输入了正确的用户名和密码的用户才能成功登录到APP首页；当输入错误的用户名或密码时，则无法登录到网站首页，而且会给出相应的提示信息
需求描述
（1）输入项：登录模块的输入项包括用户名输入框、密码输入框、确认登录按钮
（2）输出项：登录模块的输出项有两个情景，一是成功登录到网站首页；另一个登录失败时的提示信息
（3）登录成功：用户直接进入到APP首页
（4）登录失败：系统将给出提示的信息，错误提示信息1：你的用户名或密码输入错误，请重新输入。错误提示信息2：你的账号并不存在
（5）输入框限制：用户名和密码的取值范围，用户名只能输入6位的英文字符，密码只能输入6位的英文字符。

可以在编辑器直接贴图。

验收标准

附件　　+ 添加文件　（不超过50M）

抄送给　选择要发送通知的用户...

关键词

保存　　　返回

图 6.13　添加"英语学习 APP"的需求

6.2.3　新建项目和任务分配

由于产品经理已经在"英语学习 APP"这个产品下建立了该产品的需求文档，那么项目经理就要着手建立起一个项目并组建团队，关联项目的需求，分配相关任务。

（1）项目经理李小项登录禅道系统，进入"项目"→"＋添加项目"的链接页面，新建项目并保存，如图 6.14、图 6.15 所示。

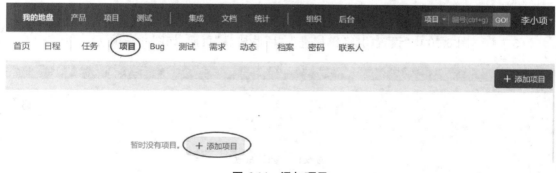

图 6.14　添加项目

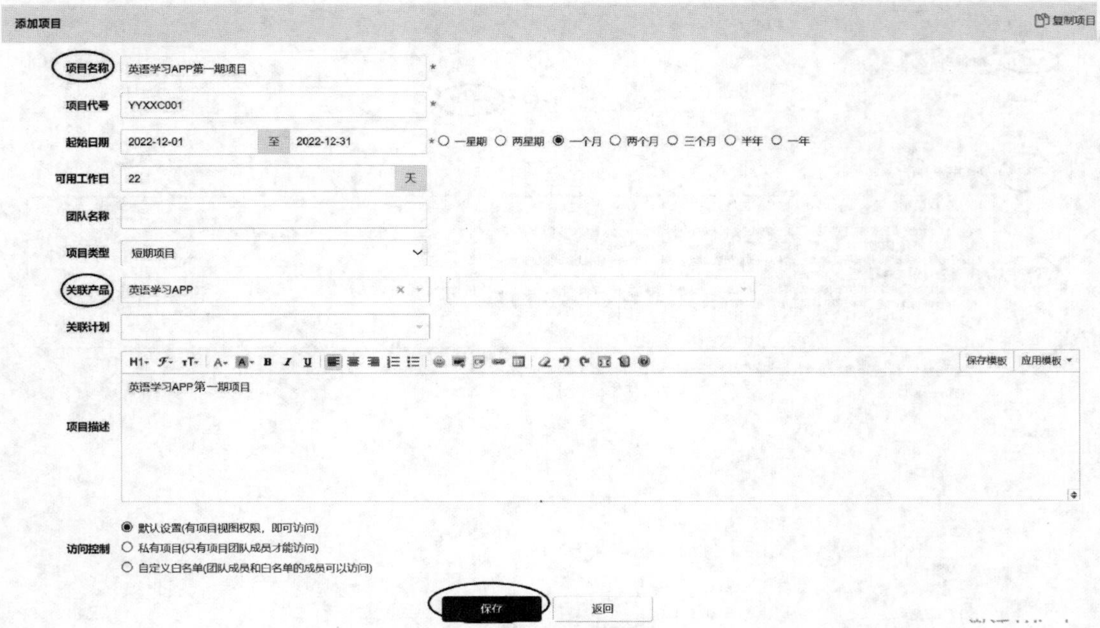

图 6.15　添加"英语学习 APP 第一期项目"

（2）当项目添加成功后，系统将自动弹出图 6.16 所示的提示。

图 6.16　提示页面

（3）单击图 6.16 中"设置团队"链接进入"团队成员"页面，如图 6.17 所示。

图 6.17　团队成员

（4）单击图 6.17 中"团队管理"链接进入"团队管理"页面，添加团队成员并保存，如图 6.18所示。

图 6.18 设置团队成员

（5）进入"项目"→"需求"→"关联需求"的链接页面来关联该项目的需求并保存，如图 6.19、6.20 所示。

图 6.19 关联需求

图 6.20 单击保存

（6）单击图 6.20 中"保存"按钮后可以看"英语学习 APP 第一期"项目所关联的需求，如图 6.21 所示。

图 6.21 项目需求关联成功

（7）单击图 6.21 中"批量分解"的链接按钮进入"批量创建"的页面，并进行任务指派、保存，如图 6.22 所示。

图 6.22　批量创建任务

6.3　测试需求

6.3.1　软件测试需求分析

无论是功能性测试，还是非功能性测试，其测试需求的分析都有如下两个基本的出发点：

（1）从客户角度进行分析：通过业务流程、业务数据、业务操作等分析，明确要验证的功能、数据、场景等内容，从而确定业务方面的测试需求。

（2）从技术角度分析：通过研究系统架构设计，数据库设计，代码实现等，分析其技术特点，了解设计和实现要求，包括系统稳定可靠、分层处理、接口集成、数据结构、性能等方面的测试需求。

如果有完善的需求文档（如产品功能规格说明书），那么功能测试需求可以根据需求文档，再结合前面分析和自己的业务知识等，比较容易确定功能测试的需求。如果缺乏完善的需求文档，就需要借助启发式分析方法，从系统业务目标、结构、功能、数据、运行平台、操作等多方面进行综合分析，了解测试需求，并通过和用户、业务人员，产品经理或产品设计人员、开发人员等沟通，逐步让测试需求清晰起来。

测试需求分析过程，可以从质量要求出发，来展开测试需求分析，如从功能、性能、安全性、兼容性等各个质量要求出发，不断细化其内容，挖掘其对应的测试需求，覆盖质量要求。也可以从开发需求（如产品功能特性、敏捷开发的用户故事）出发，针对每一条开发需求形成已分解的测试项，结合质量要求，将测试项再扩展为测试任务，这些测试任务包括具体的功能性测试任务和非功能性测试任务。在整理测试需求时，需要分类、细化、合并，并按照优先级进行排序，形成测试需求列表。

6.3.2　需求分析工具 Xmind

Xmind 的思维导图是在梳理测试需求的时候可以借助的工具。相比传统的 Excel 整理需求，它可以更清晰地呈现思维方式，帮助使用者分清主次，可以运用图文并重的技巧把各级主题的关系用相互隶属的层级表现出来，把关键词与图像、颜色等建立连接，高效理清思路。

Xmind 中有四种不同类型的主题,分别是中心主题、分支主题、子主题和自由主题,如图 6.23 所示。

中心主题:中心主题是导图的核心,也是画布的中心,每一张思维导图有且仅有一个中心主题。

分支主题:中心主题发散出来的第一级主题为分支主题。

子主题:分支主题发散出来的下一级主题为子主题。

自由主题:独立于中心主题结构外的主题,可单独存在,作为结构外的补充。

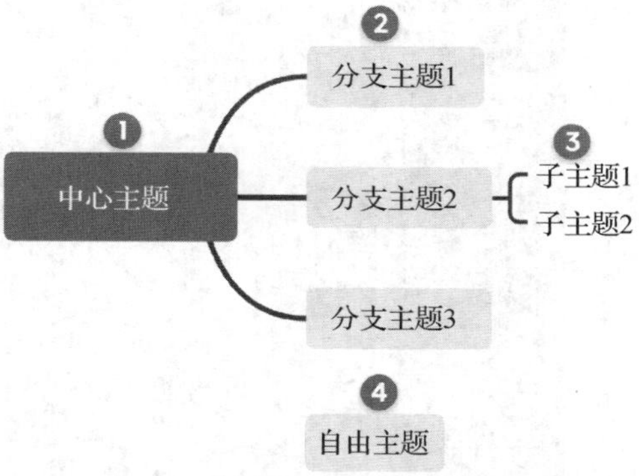

下面分步骤介绍 Xmind 的使用方法。

(1) 新建思维导图:可以创建空白图,可以选择已有主题创建,也可以在图库里打开模板,如图 6.24 所示。

图 6.23　Xmind 中的主题

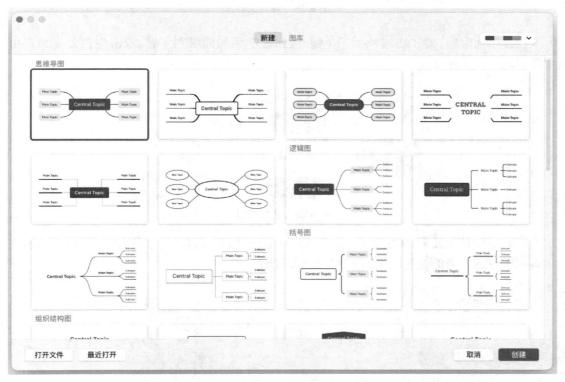

图 6.24　新建思维导图

也可以在"文件"→"导入"中,导入其他格式的文件,如图 6.25 所示。

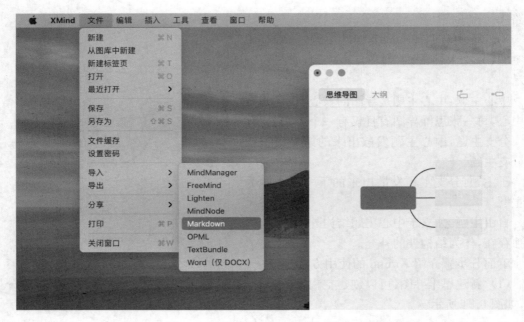

图 6.25　导入文件

（2）添加主题：按 Tab 键添加子主题，按回车键添加同级别主题，双击空白处添加自由主题，如图 6.26 所示。

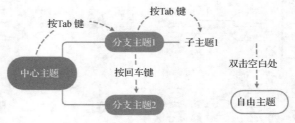

图 6.26　添加主题

（3）添加其他元素：添加联系、外框、概要、笔记、标签、附件、链接等元素。选中主题，在工具栏中点击对应的按钮即可添加，如图 6.27 所示。

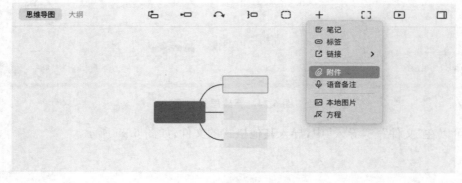

图 6.27　添加其他元素

（4）删除和撤销：选中元素，点击删除键即可进行删除。撤销按快捷键 Command/ Control＋Z 即可。

（5）更改样式：更改画布、主题、文字样式所有关于样式的修改，都在软件窗口右侧的格式面板中，如图 6.28 所示。

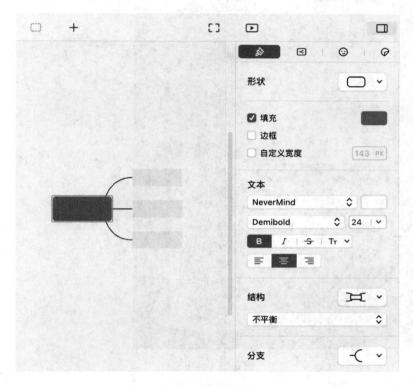

图 6.28　更改样式

（6）导出文件：Xmind 支持导出 PNG、PDF、Excel、Word 等文件格式，也可以将导图用邮件、印象笔记等分享出去，如图 6.29 所示。

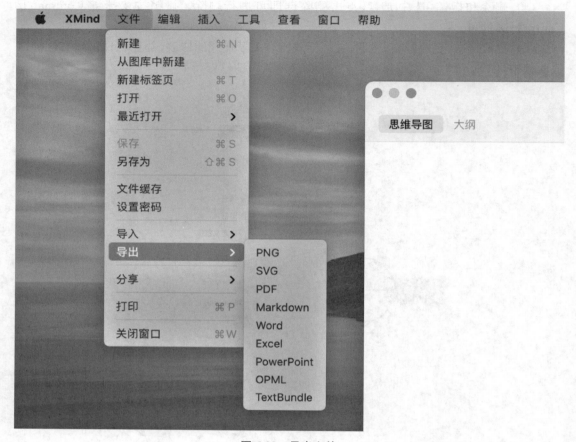

图 6.29   导出文件

下面以"英语学习 APP——词汇管理模块"为例输出用思维导图画的测试需求,如图 6.30所示。

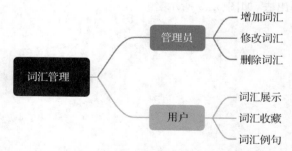

图 6.30   "英语学习 APP——词汇管理模块"测试需求示例图

当然,以上这个示例图只进行了粗略的需求划分,目的是让大家有个直观的认识。在实际项目过程中,需求的分解远远要比这复杂得多,需求的粒度也会比这细很多。

6.4 测试项目估算与进度安排

6.4.1 测试工作量估算

测试的工作量是根据测试范围、测试任务和开发阶段来确定的。测试任务是由质量需求、测试目标来决定的,质量要求越高,越要进行更深、更充分的测试,回归测试的次数和频率也要加大,测试的工作量也要增加。处在不同的开发阶段,测试工作量的差异也很大。新产品第一个版本的开发过程,相对于以后的版本来说,测试的工作量要大一些。但也不是绝对的,例如,第 1 个版本的功能较少,在第 2、3 个版本中,增加了较多的新功能,虽然新加的功能没有第 1 个版本的功能多,但是在第 2、3 版本的测试中,不仅要完成新功能的测试,还要完成第 1 个版本的功能回归测试,以确保原有的功能正常。

在一般情况下,一个项目要进行几轮回归测试,可以采用以下公式计算(以进行 3 轮回归测试为例):

$$W = W' + W' \times R1 + W' \times R2 + W' \times R3$$

(1) W 为总工作量,W' 为一轮测试的工作量。

(2) R1,R2,R3 为每轮回归测试的递减系数。受不同的代码质量、开发流程和测试周期等影响,R1,R2,R3 的值是不同的。对于每一个公司来说,可以通过历史积累的数据获得经验值。

测试的工作量,还受自动化测试程度、编程质量、开发模式等多种因素影响。在这些影响的因素中,编程质量是主要的。编程质量越低,测试的重复次数可能就越多。回归测试的范围,在这三次中可能各不相同,这取决于测试结果,即测试缺陷的分布情况。如果缺陷多且分布很广,所有的测试用例都要被再执行一遍。缺陷少且分布比较集中,可以选择部分或少数的测试用例作为回归测试所要执行的范围。

代码质量相对较低的情况下,假定 R1,R2,R3 的值分别为 80%、60%、40%,若一轮功能测试的工作量是 100 个人日(其中,人日:一个人在一天内能够完成的工作量,是衡量项目进度和工作分配的一种常用单位。),则总的测试工作量为 280 个人日。如果代码质量高,一般只需要进行两轮回归测试,R1,R2 值也降为 60%、30%,则总的测试工作量为 190 个人日,工作量减少了 32% 以上。

自动化测试可以显著提高测试执行的效率,尤其是在重复性高的任务中,由计算机运行的自动化脚本能大幅减少手动测试的工作量。然而,测试自动化并不总是能显著降低总体工作量,因为开发和维护测试脚本本身也是一个耗时的过程。换句话说,自动化测试将部分工作量从测试执行阶段前移到了测试脚本的设计和开发阶段,总体工作量可能不会明显减少,甚至在初期可能会有所增加。然而,由于自动化脚本可以重复使用,而且机器可以 24 小时运行,回归测试就可以频繁进行,如每天可以执行一次,这样任何回归缺陷都可以即时发现,能提高软件产品的质量。

6.4.2 工作分解结构表方法

比较专业的方法是工作分解结构表(Work Breakdown Structure,WBS),它按以下三个步骤来完成。

（1）列出本项目需要完成的各项任务，如测试计划、需求和设计评审，测试设计、脚本开发、测试执行等。

（2）对每个任务进一步细分，可进行多层次的细分，直到不能细分为止。

（3）列出需要完成的所有任务之后，根据任务的层次给任务进行编号，就形成了完整的工作分解结构表，如表 6.1 所示。

表 6.1　测试工作分解结构表

测试计划	确定测试目标
	确定测试范围
	确定测试资源和进度
	测试计划写作
	测试计划评审
需求和设计评审	了解系统需求
	需求规格说明书评审
	编写/修改测试需求
	设计讨论
	设计文档评审
测试设计与用例开发	确定测试点
	设计测试用例
	评审和修改测试用例
	测试脚本开发
	调试和修改脚本
	测试数据准备
测试执行	功能测试
	性能测试
	安全性测试
	验收测试
	回归测试
测试环境搭建与维护	测试环境搭建
	测试环境维护
测试结果分析	缺陷跟踪
	缺陷分析与闭环改进
	编写测试报告
资源管理	人员培训
	项目会议

当 WBS 完成之后,就拥有了制定日程安排、资源分配和预算编制的基础信息,这样不仅可获得总体的测试工作量,还包括各个阶段或各个任务的工作量,有利于资源分配和日程安排。所以,WBS 方法不仅适合工作量的估算,还适合日程安排、资源分配等计划工作。

6.4.3　测试资源安排

测试项目的资源,主要分为人力资源、系统资源(硬件和软件资源)以及环境资源。每一类资源都由 4 个特征来说明:资源描述,可用性说明,需要该资源的时间以及该资源被使用的持续时间。后两个特征可以看成是时间窗口,对于一个特定的窗口而言,资源的可用性必须在开发的最初期就建立起来。

在完成了测试工作量估算之后就能够基本确定一个软件测试项目所需的人员数量,并写入测试计划中。但是,仅知道人员数量是不够的,因为软件测试项目所需的人员和要求在各个阶段是不同的。下面从四个阶段介绍测试资源的安排。

(1) 在初期,大部分项目需要测试组长介入进去,为测试项目提供总体方向、制定初步的测试计划,申请系统资源。

(2) 在测试前期,需要一些资深的测试人员,详细了解项目所涉及的业务和技术,分析和评估测试需求,设计测试用例、开发测试脚本。

(3) 在测试中期,主要是测试执行。如果测试自动化程度高,人力的投入不需要明显的增加;如果测试自动化程度低,则需要比较多的执行人员,他们也需要事先做好一定的准备。

(4) 在测试后期,资深的测试人员可以抽出部分时间去准备新的项目。

6.5　测试风险和测试策略

测试总是存在着风险,软件测试项目的风险管理尤为重要,应预先重视风险的评估,并对要出现的风险有所防范。在风险管理中,首先要将风险识别出来,特别是确定哪些是可避免的风险,哪些是不可避免的风险,对可避免的风险要尽量采取措施去避免,所以风险识别是第一步,也是很重要的一步。风险识别的有效方法是建立风险项目检查表,按风险内容进行分项检查,逐项检查。然后,对识别出来的风险进行分析,主要从下列 4 个方面进行分析。

(1) 发生的可能性(风险概率)分析,建立一个尺度表示风险可能性(如极罕见、罕见、普通、可能、极可能);

(2) 分析和描述发生的结果或风险带来的后果,即估计风险发生后对产品和测试结果的影响、造成的损失等;

(3) 确定风险评估的正确性,要对每个风险的表现、范围、时间做出尽量准确的判断;

(4) 根据损失(风险)和风险概率的乘积,排定风险的优先队列。

评估方法可以采用情景分析和专家决策方法、损失期望值法、风险评审技术、模拟仿真法以及失效模型和效果分析(Failure Mode and Effects Analysis,FMEA)法等。

6.5.1　测试风险管理计划

为了避免、转移或降低风险,事先要做好风险管理计划,包括单个风险的处理和所有风险综合处理的管理计划。风险的控制建立在上述风险评估的结果上,对风险的处理还要制定一些应急的、有效的处理方案,不同类型的风险,对策也是不同的。

(1) 采取措施避免那些可以避免的风险,如可以通过事先列出要检查的所有条目,在测试环境设置好后,由其他人员按已列出条目逐条检查,避免环境配置错误。

(2) 风险转移,有些风险可能带来的后果非常严重,能否通过一些方法,将它转化为其他一些不会引起严重后果的低风险。如产品发布前夕发现,由于开发某个次要的新功能,给原有的功能带来一个严重 Bug,这时要修正这个 Bug 所带来的风险就很大,采取的对策就是关闭(不激活)那个新功能,转移修正 Bug 的风险。

(3) 有些风险不可避免,就设法降低风险,如"程序中未发现的缺陷"这种风险总是存在,就要通过提高测试用例的覆盖率(如达到 99.9%)来降低这种风险。

风险管理的完整内容和对策,如图 6.31 所示。

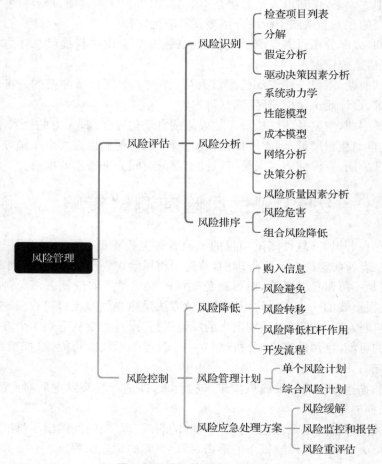

图 6.31 风险管理内容和对策

6.5.2 测试策略的确定

测试策略通常是描述测试项目的目标和所采用的测试方法,确定在不同的测试阶段测试范围,测试任务的优先级,以及所采用的测试技术和工具,以获得最有效的测试和可能达

到的质量水平。在制定测试策略前,要认真分析测试策略影响因素,例如:

（1）要使用的测试技术和工具,如自动化测试比例要达到 60%,手工测试是 40%。

（2）测试完成标准。每个具体软件都有其特殊性,测试完成的标准会有差异,测试完成的标准对策略确定有着重要的影响,标准高,测试工作量会增大,在资源有限的情况下,应借助有效的方法获得可接受的产品质量水平。例如,军用系统对软件的可靠性、安全性要求非常高,而小型商场的收费系统,则强调数据的准确性、管理的灵活性和易用性。

（3）影响资源分配的特殊考虑,例如,有些测试必须在周末进行,有些测试必须通过远程环境执行,有些测试需考虑与外部接口或硬件接口集成后进行。在测试资源分配时,考虑测试需求,有针对性地采取不同的测试方法和时间,会节省一定的测试资源。

那么,究竟如何才能确定一个好的测试策略和测试方法呢？常用的策略有基于测试技术的测试策略和基于测试方案的综合测试策略。

① 边界值分析法:无论在何种情况下,边界值分析法都应当优先使用。研究和实践表明,这种方法在设计测试用例以发现程序错误方面效果最佳。

② 等价类划分法:在必要时,可以通过等价类划分法补充额外的测试用例,以确保测试覆盖的广度。

③ 错误推测法:此外,错误推测法可用于进一步补充测试用例,增强测试的全面性。

④ 逻辑覆盖检查:最后,应当对照程序的逻辑结构,检查已设计测试用例的逻辑覆盖程度。如果未达到预定的覆盖标准,需要补充足够的用例以满足覆盖要求。

⑤ 因果图法:如果程序的功能说明中含有输入条件的组合情况,则一开始就可选用因果图法。

（2）基于测试方案的综合测试策略。一方面,可根据程序的重要性和一旦发生故障将造成的损失,来确定它的测试等级和测试重点;另一方面,通过认真研究分析,使用尽可能少的测试用例,发现尽可能多的程序错误,因为一次完整的软件测试过后,如果程序中遗漏的错误过多并且很严重,则表明本次测试是失败的,是不足的;而测试不足意味着让用户承担隐藏错误带来的危险。但是,如果过度测试,又会造成资源浪费,因此需要在这两点上权衡,找到一个最佳平衡点。

第 7 章

测试用例设计与编写

7.1 测试用例概念

测试用例是有效地发现软件缺陷的最小测试执行单元,为了特定目的(如考查特定程序路径或验证是否符合特定的需求)而设计的测试数据以及与之相关的测试规程的一个特定的集合。测试用例在测试中具有重要的作用,它拥有特定的书写标准,在设计测试用例时需要考虑一系列的因素,并遵循一些基本的原则。

前面的章节中,已经多次提到在测试过程中需要通过执行测试用例来发现缺陷。为什么需要测试用例呢? 在测试过程中使用测试用例具有以下五个方面的作用。

(1) 有效性。测试用例是测试人员测试过程中的重要参考依据。穷举测试是不可能的,因此,设计良好的测试用例将大大节约时间,提高测试效率。

(2) 可复用性。良好的测试用例具有重复使用的功能,使得测试过程事半功倍。不同的测试人员根据相同的测试用例所得到的输出结果是一致的,准确的测试用例的计划、执行和跟踪是测试的可复用性的保证。

(3) 易组织性。即使是很小的项目,也可能会有几千甚至更多的测试用例,测试用例可能在数月甚至几年的测试过程中被创建和使用,正确的测试计划将会很好地组织这些测试用例并提供给测试人员或者其他项目作为参考和借鉴。

(4) 可评估性。从测试的项目管理角度来说,测试用例的通过率是检验代码质量的保证。人们经常说代码的质量不高或者代码的质量很好,量化的标准应该是测试用例的通过率以及软件缺陷(Bug)的数目。

(5) 可管理性。从测试的人员管理角度,测试用例也可以作为检验测试进度的工具以及跟踪/管理测试人员的工作效率的因素,尤其比较适用于对新的测试人员的检验,从而更加合理地做出测试安排和计划。

因此,测试用例将会使得测试的成本降低,并具有可重复使用功能,也是作为检测测试效果的重要因素,设计良好的测试用例是测试的最关键工作之一。

7.2　测试用例设计

在设计测试用例时,除了需要遵守基本的测试用例编写规范外,还需要遵循一些基本的原则。

1. 避免含糊的测试用例

含糊的测试用例给测试过程带来困难,甚至会影响测试的结果。在测试过程中,测试用例的状态是唯一的,一般是下列三种状态中的一种。

(1) 通过(OK)。

(2) 未通过(NG)。

(3) 未进行测试(NA)。

如果测试未通过,一般会有对应的缺陷报告与之关联;如未进行测试,则需要说明原因(测试用例条件不具备、缺乏测试环境或测试用例目前已不适用等)。因此,清晰的测试用例将会使得测试人员在进行测试过程中不会出现模棱两可的情况,对一个具体的测试用例不会有"部分通过,部分未通过"这样的结果。

2. 尽量将具有相类似功能的测试用例抽象并归类

由于软件测试过程无法做到穷举所有测试情况,因此对相似测试用例进行抽象尤为重要。

3. 尽量避免冗长和复杂的测试用例

这样做的主要目的是保证验证结果的唯一性。这也是和第一条原则相一致的,为的是在测试执行过程中,确保测试用例的输出状态唯一性,从而便于跟踪和管理。在一些很长和复杂的测试用例设计过程中,需要对测试用例进行合理的分解,从而保证测试用例的准确性。在某些时候,当测试用例包含很多不同类型的输入或输出,或者测试过程的逻辑复杂而不连续时,需要对测试用例进行分解。

7.3　测试用例编写

每个软件公司或者说每个软件项目都有自己的测试用例模板,在编写测试用例时要按照规定的模板来书写。模板虽然不尽相同,但常用的测试用例一般包括如下字段:

(1) 测试环境:描述测试所使用的环境。

(2) 预置条件:描述测试用例执行的先决条件,可以将一些公共操作提炼到这里完成。

(3) 所属模块:通常情况下,以模块为单位组织测试用例,他们的测试环境和预置条件也基本一致。

(4) 用例编号:一般来说,测试用例的名称可以重复,但是测试用例的编号具有唯一性,它是区分测试用例的唯一标志。编号可以由用例模块关键字英文缩写、用例所属类型和数字序列组成。如 TC_login_fun_001,其中 TC 是 TestCase 的缩写,login 表示"登录"模块,fun 表示属于功能用例。

(5) 用例名称:测试用例名称需要做到见名知意且言简意赅,不宜过长。

(6) 用例等级:每条用例需要包含它所属的等级,以方便测试经理根据特定的测试策

略,在对测试任务部署的时候方便根据用例等级进行批量筛选。测试用例等级的划分参考依据如下:

① level1:该类用例涉及系统最核心最基本的功能,1 级用例的数量应受到控制。该用例执行的失败会导致多处重要功能无法运行。建议:该级别的测试用例在每一轮版本测试中都必须执行。

② level2:2 级测试用例涉及系统的重要功能。2 级用例数量较多,主要包括一些功能交互相关、各种应用场景、使用频率较高的正常功能测试用例,建议在非回归的系统测试版本中都要进行验证,以保证系统所有的重要功能都能够正常实现。

③ Level3:3 级测试用例涉及系统的一般功能,3 级用例数量也较多,使用频率低于 2 级用例。在非回归的系统测试版本中不一定都进行验证,而且在系统测试的中后期并不一定需要每个版本都进行测试。

④ Level4:该级别用例一般较少。该用例对应较生僻的预置条件和数据设置。虽然某些测试用例发现过较严重的错误,但这些用例的触发条件非常特殊,仍然应该被置入 4 级用例中。另外如一些系统的提示信息的测试也可归入该级别的用例。在实际使用中使用频率很低,在版本测试中有某些正常原因(包括环境、人力、时间等)经测试经理同意可以不进行测试。

(7) 测试步骤:测试步骤的写作和预期结果一一对应,并且注意步骤的粒度,注意:不要把多个步骤合并在一个步骤里,避免用例执行失败的时候,不知道是该步骤里面哪个操作导致的失败。

(8) 预期结果:一条预期结果应该对应第(7)步的一个测试步骤。

(9) 实际结果:执行该条用例时,被测对象实际的反应,实际的响应或反馈。

(10) 是否通过:表明该用例是否执行通过,可以用 pass、fail、block 或者 OK、NG、NA 来表示,它们分别代表执行通过,执行失败和未执行。其中未执行的原因有多种,例如,当前条件不满足测试或者该用例需要修正,无法使用当前测试版本等,视具体情况具体分析。

(11) 测试人员:可以填写执行该测试用例的人员和名称。

(12) 测试日期:执行该测试用例的日期。

(13) 问题单编号:如果该用例执行失败,并且定位原因是一个软件 Bug 所导致的,那么需要把相应的问题单填在该字段,以便对该问题进行追踪。关于"问题单"的知识将在后面的章节详细介绍。

其中(9)~(13)的内容,是执行测试用例时需要回填的内容。根据实际情况,如果需要执行多轮测试,则应在每轮测试中对这些字段进行相应的填写和更新。

图 7.1 为某项目的测试用例截图,在这里做个示例。

4	测试环境	解析平台WEB端							第1轮测试结果			
5	模块执行前置条件	解析平台运行正常										
6	案例编号	案例名称	案例描述	案例等级	预置条件	测试数据	步骤	步骤描述	预期结果	实际结果	是否通过	测试人	测试日期
7	TC_RZGL_FUN_01		按操作类型查询	L1	解析平台运行正常,已成功登录系统		1	1、点击"日志管理"下的"用户日志"进入用户日志列表页面 2、选择一种操作类型,点击"查询"按	1、查询成功,列表展示出所有符合条件的日志记录				
8	TC_RZGL_FUN_02		按操作类型和IP组合查询	L1	解析平台运行正常,已成功登录系统		1	1、点击"日志管理"下的"用户日志"进入用户日志列表页面 2、选择一种操作类	1、查询成功,列表展示出所有符合条件的日志记录				

图 7.1　测试用例示意图

7.4　测试用例管理

在 6.2 节我们知道测试经理负责创建好任务。接下来开发人员和测试人员分别领取各自的任务,并行执行。

7.4.1　创建测试版本

开发人员李小开登录禅道系统,进入"我的地盘"→"任务"的链接页面就可以查看项目经理分配给开发人员李小开的任务,如图 7.2 所示。

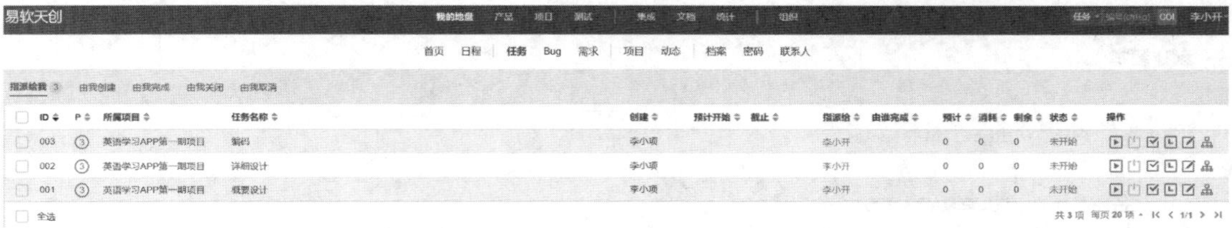

图 7.2　查看任务

当开发人员李小开完成其中一项任务时,可单击图右侧的完成按钮,在弹出的对话框中设置本次消耗时间并保存,即代表该任务完成,如图 7.3 所示。

图 7.3　完成任务

当开发人员李小开的三项任务全部完成时,便可提交相应的测试版本,通过"项目"→

"版本"的链接页面进行版本的创建,如图 7.4 所示。

图 7.4 创建版本

单击图 7.4 中的"+创建版本"链接进行版本的创建,并保存,如图 7.5 所示(图中源代码地址、下载地址、上传发行包为开发人员提供的软件安装包的位置)。

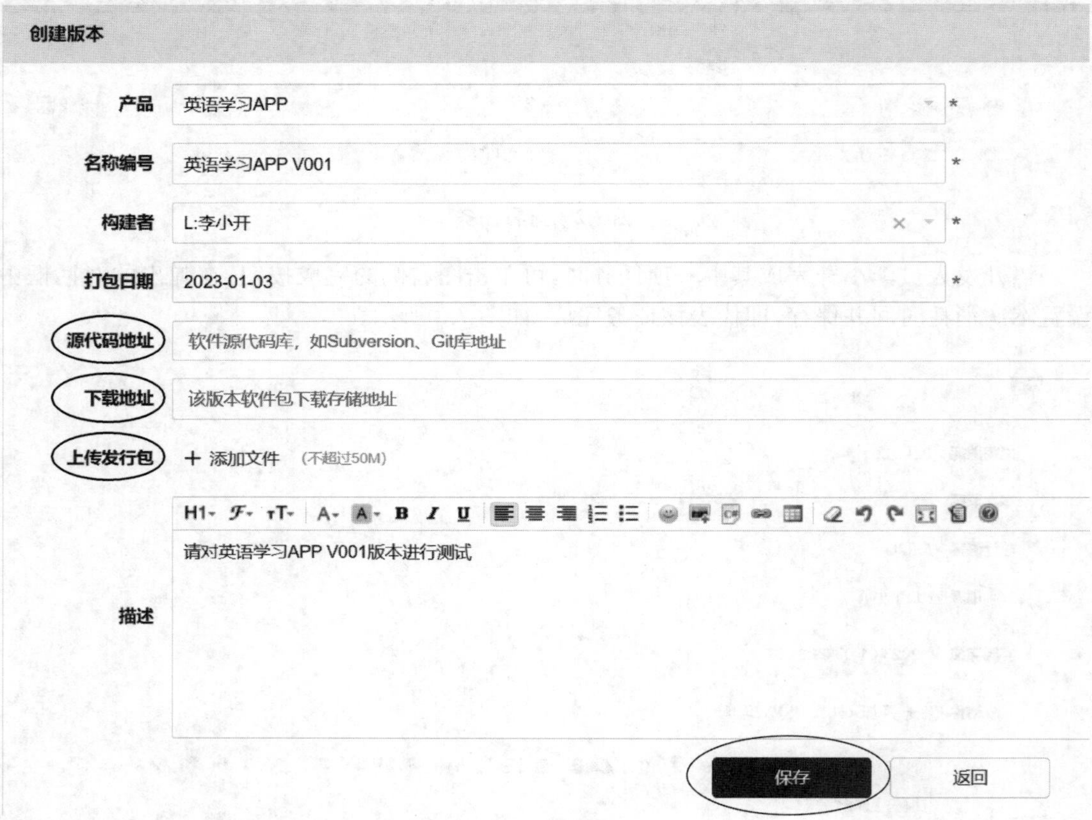

创建版本

产品	英语学习APP	*
名称编号	英语学习APP V001	*
构建者	L:李小开	*
打包日期	2023-01-03	*
源代码地址	软件源代码库,如Subversion、Git库地址	
下载地址	该版本软件包下载存储地址	
上传发行包	+ 添加文件 (不超过50M)	

H1▾ 𝓕▾ ᴛT▾ A▾ A B 𝐼 U ▤ ▤ ▤ ⅰⅢ ☺ 🖼 ▭ ∞ ▦ ⊘ ↻ ↺ ⊞ 🗑 ❓

请对英语学习APP V001版本进行测试

描述

保存   返回

图 7.5 创建测试版本

同时还需要提交一个测试单给测试项目组,如图 7.6 所示。

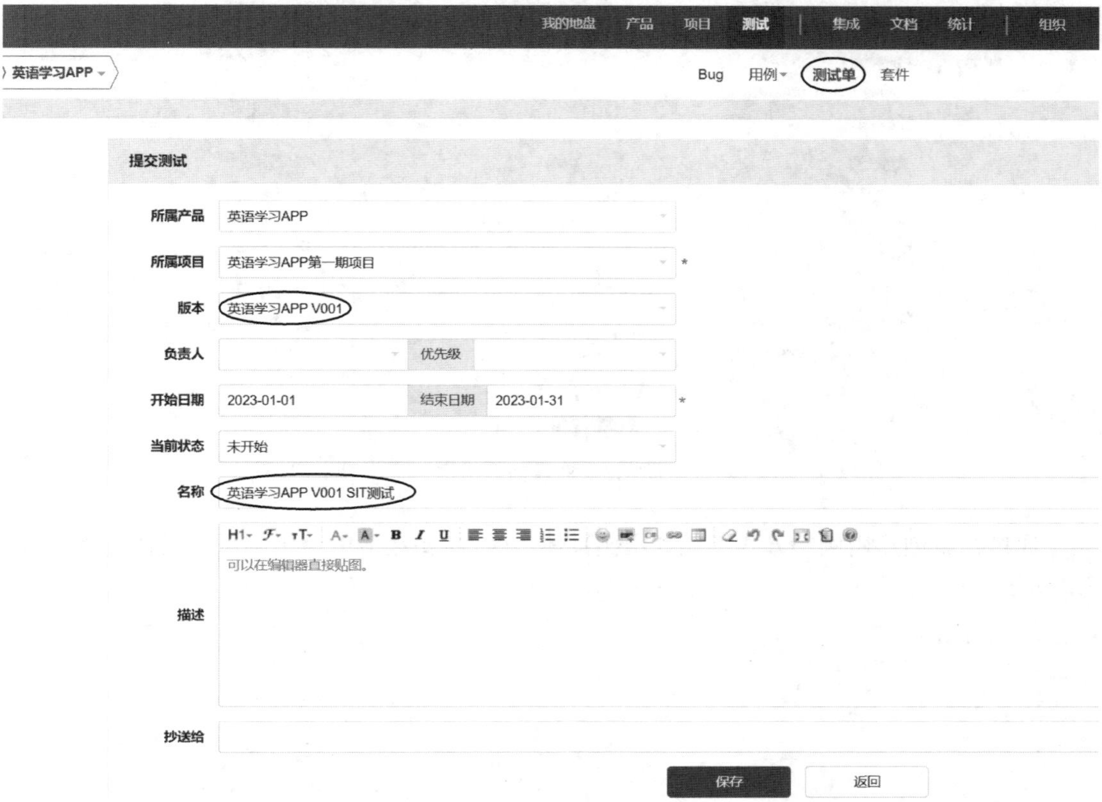

图 7.6　创建测试单

7.4.2　创建测试用例

测试人员李小开登录禅道系统,进入"测试"选择对应的需要设计用例的模块,例如,这里选择"登录"模块,可以选择"＋建用例"来新建单个用例,也可以选择"＋批量建用例"来批量创建用例,如图 7.7 所示。

图 7.7　选择对应的测试模块

登录模块用等价类划分法设计测试用例,共得到 9 条用例,所以先用批量创建用例的方法编写用例,如图 7.8 所示。

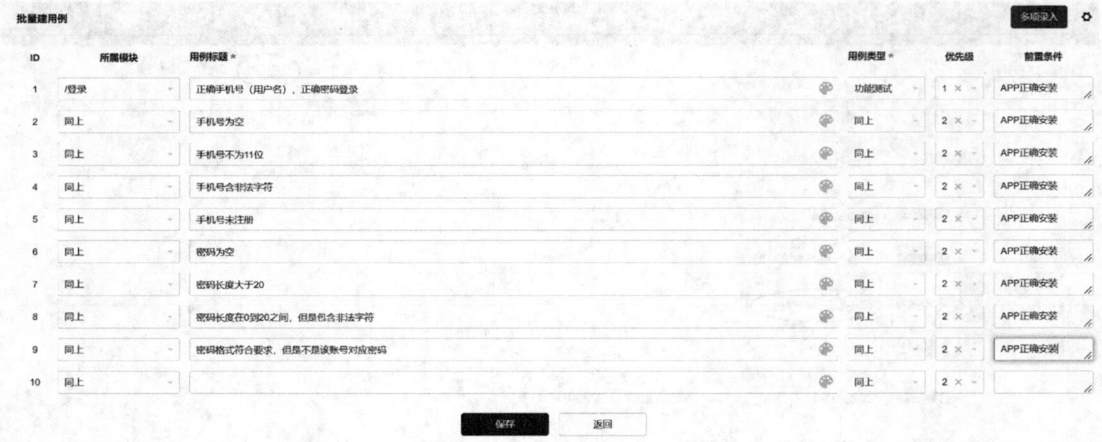

批量建用例

ID	所属模块	用例标题 *	用例类型 *	优先级	前置条件
1	/登录	正确手机号（用户名），正确密码登录	功能测试	1 ×	APP正确安装
2	同上	手机号为空	同上	2 ×	APP正确安装
3	同上	手机号不为11位	同上	2 ×	APP正确安装
4	同上	手机号含非法字符	同上	2 ×	APP正确安装
5	同上	手机号未注册	同上	2 ×	APP正确安装
6	同上	密码为空	同上	2 ×	APP正确安装
7	同上	密码长度大于20	同上	2 ×	APP正确安装
8	同上	密码长度在0到20之间，但是包含非法字符	同上	2 ×	APP正确安装
9	同上	密码格式符合要求，但是不是该账号对应密码	同上	2 ×	APP正确安测
10	同上		同上	2 ×	

保存　　返回

图 7.8　批量创建用例

通过批量创建用例的方式不包含用例具体步骤，需要点击单个用例添加具体步骤，如图 7.9 所示。

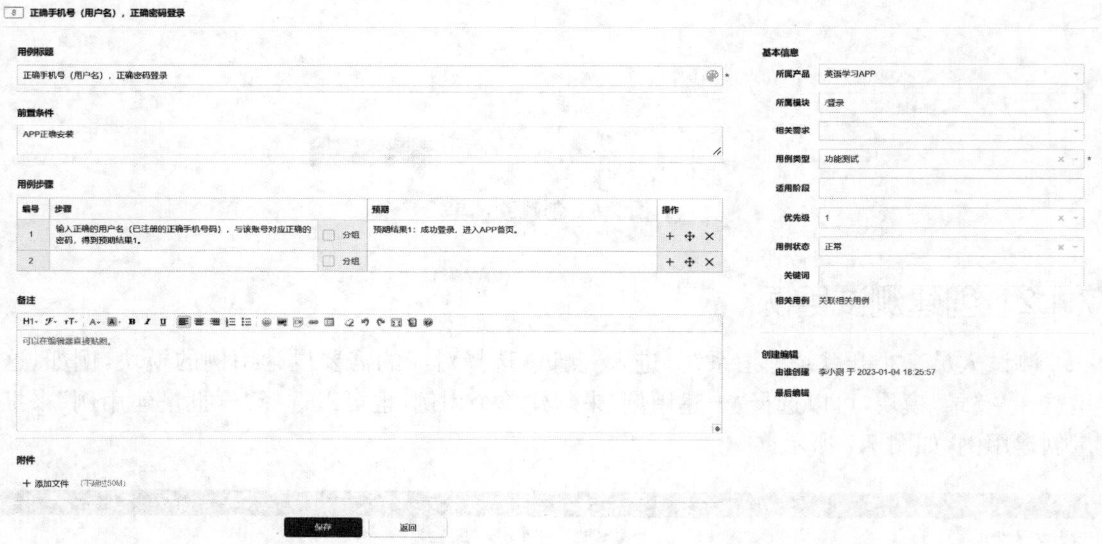

图 7.9　添加用例步骤

测试项目组经理收到测试单之后，需要确定该测试单涉及哪些功能，选取和这些功能相关的用例作为本次测试的范围，并将这些关联的用例指派给相应的测试人员，如图 7.10 所示。

图 7.10　关联测试单

在此可以按照一定的筛选规则进行用例关联，按需求关联、按套件关联、按 Bug 关联等。也可以勾选用例，进行手动关联，如图 7.11 所示。

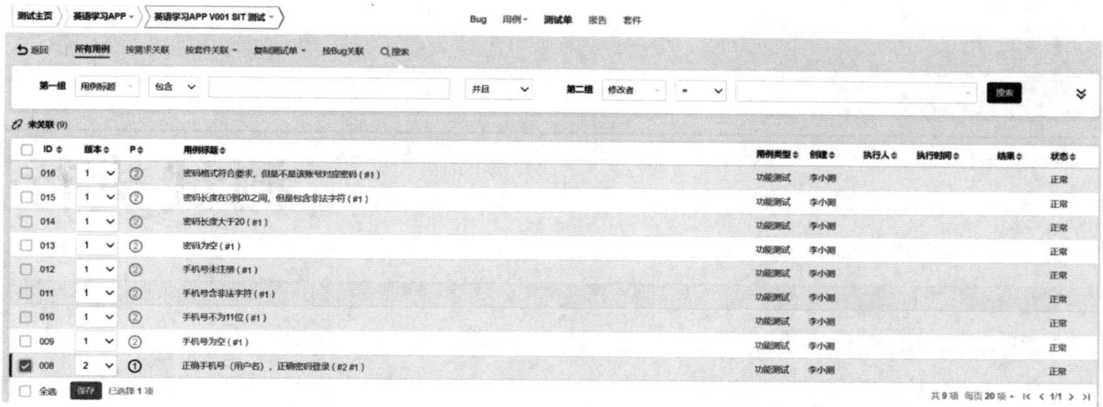

	ID ⇕	版本 ⇕	P ⇕	用例标题 ⇕	用例类型 ⇕	创建 ⇕	执行人 ⇕	执行时间 ⇕	结果 ⇕	状态 ⇕
☐	016	1 ⌄	②	密码格式符合要求，但是不是该账号对应密码（#1）	功能测试	李小测				正常
☐	015	1 ⌄	②	密码长度在0到20之间，但是包含非法字符（#1）	功能测试	李小测				正常
☐	014	1 ⌄	②	密码长度大于20（#1）	功能测试	李小测				正常
☐	013	1 ⌄	②	密码为空（#1）	功能测试	李小测				正常
☐	012	1 ⌄	②	手机号未注册（#1）	功能测试	李小测				正常
☐	011	1 ⌄	②	手机号含非法字符（#1）	功能测试	李小测				正常
☐	010	1 ⌄	②	手机号不为11位（#1）	功能测试	李小测				正常
☐	009	1 ⌄	②	手机号为空（#1）	功能测试	李小测				正常
☑	008	2 ⌄	①	正确手机号（用户名），正确密码登录（#2 #1）	功能测试	李小测				正常

图 7.11　手动关联示意图

第 8 章

测试执行

8.1　测试用例执行

8.1.1　开始和停止标准

测试用例开始执行的条件或标准是什么？什么时候可以停止测试呢？

1. 测试开始标准

满足以下条件，测试可以开始。

（1）测试计划评审通过。

（2）测试用例已编写完成，并已通过评审。

（3）测试环境已搭建完毕。

2. 测试停止标准

满足以下条件，测试可以正常停止。

（1）缺陷状态为"关闭"（Closed）或"推迟"（Later）状态。

（2）在系统测试中发现的错误已经得到修改，各级缺陷修复率达到规定的目标。

（3）缺陷密度需要符合软件要求的范围。

（4）测试用例全部通过。

（5）需求覆盖率达到100%。

（6）确认系统满足产品需求规格说明书的要求。

3. 测试的中止标准

当出现如下问题时，测试可以中止。

（1）半数以上测试用例无法执行。

（2）测试环境与要求不符。

（3）测试中的需求经常变动。

8.1.2　测试用例验证

测试过程的重点之一是验证测试用例的有效性，并且对测试用例库的内容进行增加、删除和修改。

将所有执行过的测试用例进行分类，基于测试策略和历史数据的统计分析（包括测试策略和缺陷的关联关系），构造有效的测试套件，然后在此基础上建立要执行的测试任务，这样的任务分解有助于进度和质量的有效控制，可以减少风险。

对所有测试用例、测试套件、测试任务和测试执行的结果，通过测试管理系统进行管理，使测试执行的操作过程记录在案，具有良好的控制性和追溯性，有利于控制测试进度和质量。

有效的测试用例能提高测试的效率，Ross Collard 在 *Use Case Testing* 一文中说：测试用例的前 10% 到 15% 可以发现 75% 到 90% 的重要缺陷。因此，在测试过程中要验证用例的有效性，从中找出高效的测试用例，并更新到用例库中去。

8.1.3　测试结果记录

对测试的数据进行记录，也就是把测试中实际得到的动态输出（包括内部生成数据输出）结果与对动态输出的要求进行比较，描述其中的各项发现。对于测试过程的记录，应该包括 Who、When、Where、What 和 How 等几方面的数据信息。

（1）什么人（Who）：测试执行人员以及测试用例的负责人。负责人负责指定一个测试用例运行时发现的缺陷，以及由哪一个开发人员负责分析（有时是另外的开发人员引进的缺陷而导致的错误）和修复。

（2）什么时候（When）：测试在何时开始、何时通过以及测试日程的具体安排。

（3）什么环境（Where）：在何种软、硬件配置的环境下运行，包括硬件型号、网络拓扑结构、网络协议、防火墙或代理服务器的设置、服务器的设置、应用系统的版本（包括被测系统以前发布的各种版本）以及相关的或依赖性的产品。

（4）做了什么（What）：使用了什么测试方法、测试工具以及测试用例。

（5）结果如何（How）：通过或失败。通过是所有测试过程（或脚本）按预期方式执行至结束。如果测试失败，又分为提前结束（测试过程中脚本没有按预期方式执行，或没有完全执行）和异常终止两种。测试异常终止时，测试结果可能不可靠。在执行任何其他测试活动前，应确定并解决提前结束或异常终止的原因，然后重新执行测试。

可以在禅道上记录测试结果，如图 8.1 所示。进入到"测试单"→"所有用例"，点击"操作"中的"执行"按钮，在"测试结果"中选择对应的执行结果，可以通过"实际情况"对测试结果进行备注，还可以上传附件。如果用例执行失败，可以在"实际情况"中加以描述并附上相应的问题单号。

图 8.1 记录测试执行结果

标识后,执行结果的测试用例状态会更新,并自动记录执行人和执行时间,如图 8.2 所示。

图 8.2 已执行用例

8.2 问题单的产生

8.2.1 缺陷沟通

最直接的通报方法是使用测试管理工具,由系统自动给测试管理者及测试用例负责人发送电子邮件,这对于分布式的开发和测试会更加有效。邮件内容的详细程度可根据需要灵活决定。

测试执行过程中,如果确认发现了软件的缺陷,应马上提交问题报告单。如果这个可疑问题无法确认是否为软件缺陷,则需要保留现场,然后通知相关开发人员到现场定位问题。开发人员在短时间内可以确认是否为软件缺陷,测试人员应给予配合;而开发人员定位问题需要花费较长时间时,测试人员可以让开发人员记录出现问题的测试环境配置,然后回到自己的开发环境上重现问题继续定位问题。

8.2.2 问题单包含的内容

当测试人员在执行测试用例的过程中发现 Bug 时,测试人员应该如何记录这个 Bug? 如何确保开发人员能理解自己所提交的 Bug? 通常情况下一个 Bug 应该包含哪些内容? 可以将 Bug 应包含的信息点用表 8.1 表示出来。

表 8.1　Bug 包含的信息点

Bug 包含的基本信息点	各信息点的含义
Bug 的标题	写清楚每一个 Bug 的主要信息，一般一两句话即可。
Bug 的具体描述	把 Bug 从发生到结束的每一个步骤、每一个细节以及发生过程中所涉及的具体数据清晰地描述出来。
Bug 的严重程度	在禅道系统中，Bug 等级划分为①②③④4 个等级，等级①：致命问题（造成系统崩溃、死机、死循环，导致数据库数据丢失等）；等级②：严重问题（系统主要功能部分丧失、数据库保存调用错误、用户数据丢失，一级功能菜单不能使用，但是影响其他功能的测试等）；等级③：一般性问题（功能没有完全实现但不影响使用，功能菜单存在缺陷但不会影响系统稳定性等）；等级④：提升问题（界面、性能缺陷等建议类问题，不影响操作功能的执行）。
Bug 的优先级	禅道系统中，处理 Bug 的优先级同样划分为①②③④4 个等级，等级①代表此 Bug 要立即进行处理，等级②代表此 Bug 需要紧急处理，等级③代表此 Bug 以正常的速度处理，等级④代表此 Bug 可延后处理。
Bug 的指派	每个 Bug 都要指定解决这个 Bug 的开发人员，需了解首问责任人制度。
Bug 的状态	在禅道系统中，Bug 的状态有激活、已解决、关闭 3 种状态。每个 Bug 管理工具所设置的状态可能不尽相同，一般根据公司规定流程进行相应的处理便可。
必要的附件（图片或日志）	当测试人员发现 Bug 时，如果能及时截图则会更有说服力，建议测试人员尽量都截图，因为图片可以直截了当地反映发现 Bug 时的情形。当软件的某一个功能发生错误时，系统一般都会为此错误产生一条记录，这个记录称为日志。在某些项目中，如果开发人员或测试经理要求测试人员截取日志，则测试人员在提交 Bug 时应附上日志。具体如何截取日志可直接咨询开发人员，他们清楚日志的存放位置和截取方法。日志一般是一个 txt 格式的文本文档。
Bug 的其他信息	根据实际测试环境或公司要求进行相应填写即可。

　　每个公司的不同项目对 Bug 应包括的信息点可能存在一些细小的差距，但大体思想是一致的，进入公司后按照公司的要求和模板书写便可。

8.2.3　问题单模板

　　依然使用英语学习 APP 举例。登录成功后，进入单词词汇界面。可以选择查询单词，点击单词对单词详细查看，点击小喇叭听单词，如图 8.3 所示。

　　假设在确认手机的扬声器没有问题的情况下，点击小喇叭后没有任何反应，无法播放音频。很明显，这是一个 Bug。那测试人员应该如何记录这个 Bug 呢？可以使用表 8.2 所示的模板记录。

图 8.3   英语学习 APP 单词词汇界面

表 8.2   Bug 模板示例

标题:【英语学习 APP V001】 【SIT】词汇界面,无法播放单词读音	
问题描述: (1) 通过手机模拟器登录该 APP; (2) 输入正确用户名、密码,成功登录; (3) 进入词汇界面后,点击某单词后面的"小喇叭"按钮无响应,不播放单词读音。	
Bug 严重程度:②	Bug 优先级:②
问题责任人:李小开	Bug 当前状态:激活
附件:可以截图的话,建议截图并提供给开发人员,如需要附送日志,也要一并把日志提供给开发人员。	
备注:无	

对于 Bug 的记录,需要注意以下几点。

(1) Bug 的标题一定要清晰简洁,可以标明当前在哪个版本以及在什么测试阶段进行测试发现的问题,标明版本和测试阶段的优点是,以后对问题单做统计分析以及对项目进行复盘时,方便筛选。

(2) 在 Bug 的具体描述中,测试的步骤和使用到的具体数据都要清楚地写出来;在 Bug 的具体描述中尽可能多地提供一些必要信息。

(3) 如果可以截图,一定要截图,因为这是最直接的证据。

(4) 问题责任人:通过黑盒测试发现的问题,问题一般会表现在某个模块,但是定位问题的根本原因时,Bug 不一定是位于该模块的,而由于测试员对代码不熟悉,对模块直接的调用关系也不清楚,可以直接找该问题表现层的责任开发人员帮助找到问题的责任人,如果在问题提单的时候尚未明确 Bug 的责任人,可以采用"首问责任人"制度,即问题单中的开发责任人可以写该问题表现模块的开发责任人,具体情况视所在项目组的具体规定确定。

8.3　问题单管理

对 Bug 进行管理的工具有很多，常见有：

（1）JIRA：包括 Bug、需求变更、评审记录等均可以在这个软件中进行管理。JIRA 功能全面，界面友好，安装简单，配置灵活，权限管理以及可扩展性方面都比较出色。问题追踪和管理：用它管理项目，跟踪任务、Bug、需求，通过 JIRA 的邮件通知功能进行协作通知，在实际工作中使得工作效率提高很多。问题跟进情况的分析报告：可以随时了解问题和项目的进展情况。

（2）ClickUp：ClickUp 为面向小型和大型公司的生产力和缺陷跟踪管理工具，是国外的一款评价很好的产品。优势在于通过与 GitHub 集成，能够使用标签整理缺陷，支持包括燃尽图、累积流图和速度图等在内的报表。缺陷在于，国内没有产品团队，产品的访问速度在国内受限。

（3）PingCode：PingCode 是一站式的软件研发过程管理工具，具备专业的缺陷管理模块，能够有效帮助团队解决 Bug 问题收集、Bug 分配与跟进、Bug 问题定位与解决四方面的缺陷管理问题。

（4）禅道：禅道是一款国产项目管理软件，它集产品管理、项目管理、质量管理、缺陷管理、文档管理、组织管理和事务管理于一体，是一款功能完备的项目管理软件。

本章继续使用禅道来进行缺陷管理。

8.3.1　提交问题单

测试人员在测试中发现了问题，那么李小测就要通过禅道系统提交 Bug 给开发人员。测试人员登录禅道系统，进入"测试"→"Bug"的链接页面，如图 8.4 所示。

图 8.4　点击"＋提 Bug"

点击图 8.4 中的"＋提 Bug"链接进入到提交 Bug 的页面，此时可提交 Bug 并进行相应保存，如图 8.5 和 8.6 所示（从图 8.6 中可以看到，此 Bug 的状态为"激活"，此 Bug 指派给了开发人员李小开）。

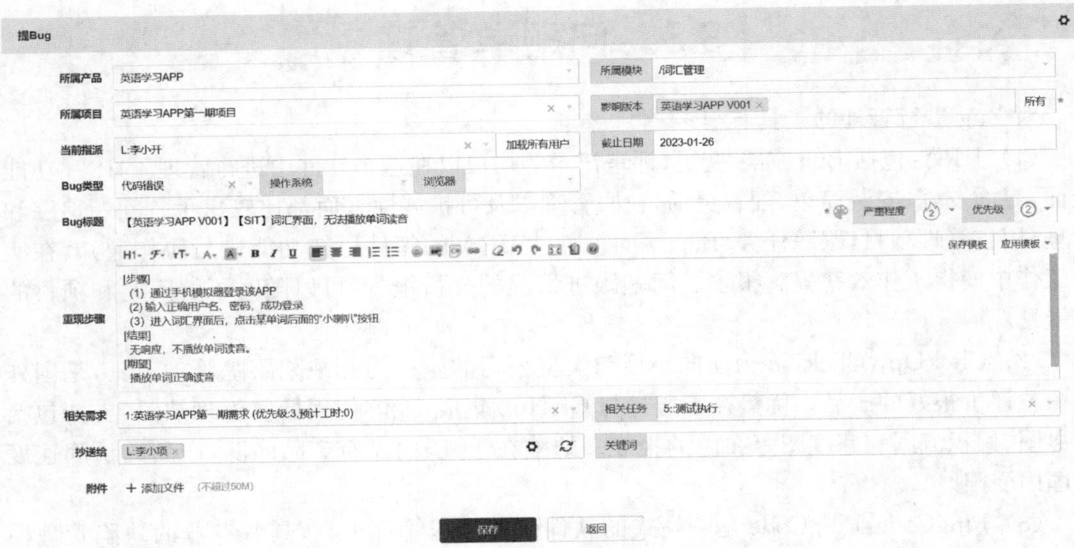

图 8.5　Bug 提交

图 8.6　生成一条 Bug 信息

8.3.2　跟踪问题单

　　开发人员李小开登录禅道系统，进入"测试"→"Bug"的链接页面，此时就可以看到测试人员李小测指派给他的 Bug 单，如图 8.7 所示。

图 8.7　开发人员查看 Bug

　　开发人员李小开修复好此 Bug 后，单击"解决"按钮，在弹出的对话框中设置解决时的信息并保存，那么此时 Bug 就已经解决完成，如图 8.8 所示。

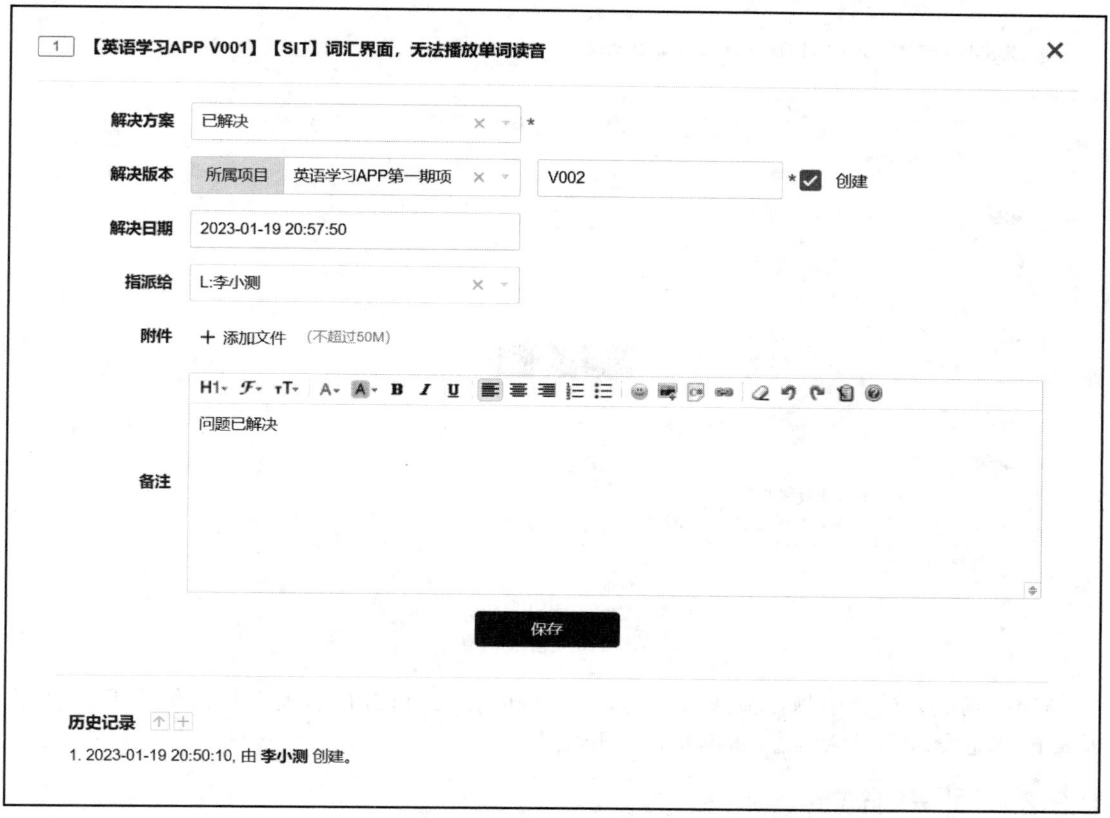

| 1 | 【英语学习APP V001】【SIT】词汇界面，无法播放单词读音 | × |

解决方案　已解决　×　▼　*

解决版本　所属项目　英语学习APP第一期项　×　▼　V002　*☑ 创建

解决日期　2023-01-19 20:57:50

指派给　L:李小测　×　▼

附件　＋ 添加文件　（不超过50M）

H1▾ 𝓕▾ ₁T▾ A▾ A▾ B I U ▤▤▤▤▤ ☺ ▦ ▦ ⊖ ⌀ ↺ ↻ ▥ ⊘

问题已解决

备注

保存

历史记录 ↑ ＋

1. 2023-01-19 20:50:10, 由 **李小测** 创建。

图 8.8　完成解决

　　测试人员李小测登录禅道系统，并验证所提 Bug 是否被开发人员李小开修复好，如经验证，此 Bug 已被解决，单击图 8.9 中的"关闭"按钮，并备注相关信息，如图 8.10 所示。

图 8.9　关闭 Bug

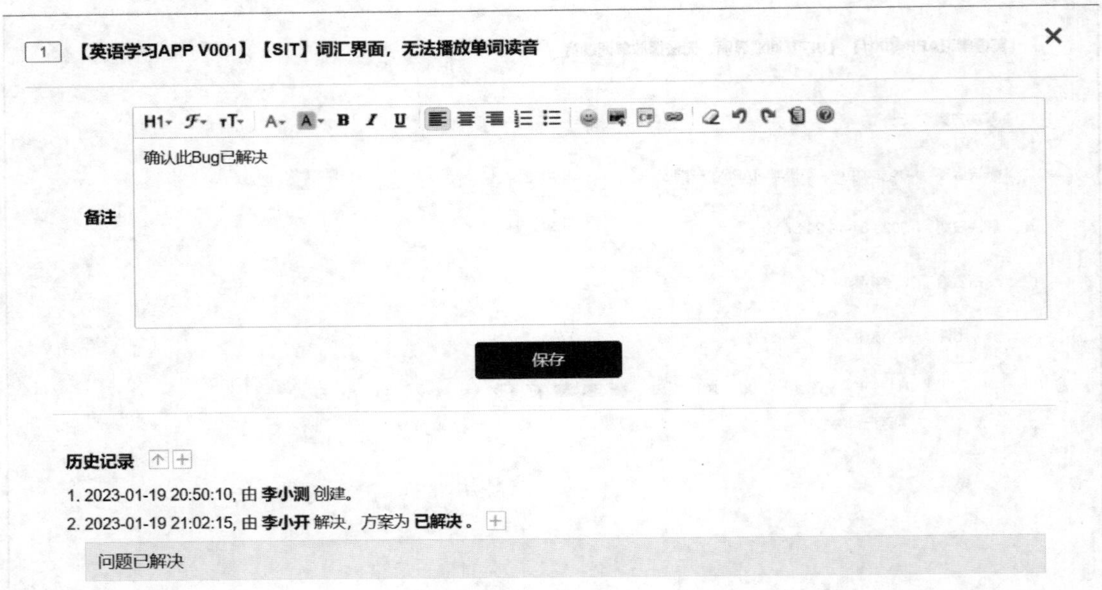

图 8.10　备注信息

如果测试人员李小测在验证 Bug 时，发现 Bug 并没有被解决，就会再次编辑 Bug，并将 Bug 的状态设置为激活状态，重新指派给开发人员。

8.3.3　回归测试

狭义的回归测试，指的是针对该问题单所提出的 Bug 修复之后，进行的验证，验证问题是否已经得到修改。广义的回归测试是在有程序修改的情况下，保证原有的功能正常运行的一种测试策略。本节对广义的回归测试进行探讨。

广义的回归测试不一定要进行全面测试，从头到尾测一遍，而是根据修改的情况进行有效测试。当发现软件缺陷需要修复，或软件版本需要新增功能时，必须对软件进行相应的修改，修改后的程序要进行测试，这时要检验软件所进行的修改是否正确，保证改动不会带来新的严重错误。

回归测试作为软件生命周期的一个组成部分，在整个软件测试过程中占有很大工作量比重，软件开发的各个阶段都可能需要进行多次回归测试。在渐进和快速迭代开发中，新版本的连续发布使回归测试进行得更加频繁，在持续集成项目组进行 daily 版本发布时，要求每天都进行回归测试。因此，通过选择正确的回归测试策略来改进回归测试的效率和有效性非常有意义。回归测试往往是重复性的工作，而且之前已执行过，回归测试也是比较明确的，所以可以采用自动化测试手段来降低回归测试的工作量。

8.3.4　问题单关闭

在针对有多个版本并行开发，不同版本间有功能的重叠时。在某一个版本上发现的问题，需要检查其他版本中是否也有这样的问题，如果有需要同步修改。在进行回归测试时，也需要验证在涉及版本上是否都已经做了更正。即使是相同的问题，也建议在不同的版本分别提单，并在不同的版本上修改问题和回归问题，方便进行版本管理和问题单管理。

8.4 测试报告

测试报告是指把测试的过程和结果写成文档，对发现的问题和缺陷进行分析，为纠正软件存在的质量问题提供依据，同时为软件验收和交付打下基础。

软件测试报告的重要性如下：

（1）汇报近期的测试工作。

（2）评估测试结果以及软件质量。

（3）通过复盘思考如何改进工作。

测试报告一般包含如下内容：

（1）概述：项目是什么、目的、简要说明。

（2）测试经过：时间周期、人员、人员负责的内容、经历的阶段和每个阶段做的事情。

（3）测试用例：每一轮测试的功能板块、用例条数、执行的用例数、通过的、失败的数量。

（4）软件缺陷：每一轮测试的板块、功能、发现的 Bug 数量，所发现的 Bug 对应的严重程度，已解决的、未解决的、其他的。

（5）质量评估：功能的完整性，有没有遗留问题，对已有功能的影响。

（6）上线风险：当前版本上线对线上版本可能会产生的影响和可预知的风险。

（7）改进建议：对于本次测试中遇到的问题和不足之处的改进建议。

第三篇 自动化测试实践

随着软件系统规模的日益扩大以及应用领域的不断拓展，软件系统的测试变得更加困难和复杂，传统人工测试的局限性也越来越明显。在软件测试中，自动化测试指的是使用独立于待测软件的其他软件来自动执行测试、比较实际结果与预期并生成测试报告这一过程。在测试流程确定后，测试自动化可以自动执行一些重复但必要的测试工作，也可以完成手动测试几乎不可能完成的测试。

本篇共有 5 章。

第 9 章 自动化测试简介：介绍了手工测试的局限性，自动化测试的基本概念和分层，并进行两种测试的比较，最后介绍了自动化测试的分类。

第 10 章 基于 pytest 的单元测试：使用 pytest 框架实现测试用例的编写、测试断言和测试执行，并重点介绍了固件 Fixture、mark 标记，最后使用插件实现测试报告的输出。

第 11 章 Web UI 自动化测试：使用 Selenium 实现定位单个元素、定位一组元素、浏览器的常用操作，以及模拟键盘操作、鼠标操作，实现下拉框的处理、表单切换、弹窗处理、文件的上传和下载、时间等待等，并利用 pytest 实现 Web UI 的自动化测试。

第 12 章 Page Object：使用 PO 模型实现百度页面搜索功能的封装，并生成测试报告。

第 13 章 基于 JMeter 的性能测试：介绍性能测试的基本概念、Jmeter 的环境搭建，性能测试前期的需求分析，并使用 Jmeter 完成性能测试全部过程，包括测试脚本的开发，测试场景设计及资源监控、测试场景执行及结果分析。

【微信扫码】
本篇配套资源

第 9 章

自动化测试简介

9.1.1　手工测试的局限性

什么是手工测试？手动测试是手工测试软件以发现缺陷的过程。测试人员应该从最终用户的角度出发，确保所有的功能都按照需求文档中描述的那样执行。在这个过程中，测试人员执行测试用例并手动生成报告，不使用任何自动化工具。

举例说明手工测试的弊端，假设想测试一个支持 50 个用户并发访问的 Web 系统的性能，现在测试需求以手动方式实现，具体步骤如下：

（1）准备足够的资源：50 名测试人员，每人配备一台计算机进行操作支持。

（2）准备一名"声音足够大"的指挥员，统一下达命令，派遣测试人员对系统进行同步测试。参与测试的每个人在听到"开始测试"的命令后，都要集中精力，进行"理论同时"操作（每个人的反应速度都不可控，所以是"理论同时"）。

（3）收集整理每台计算机上的测试数据以及 50 名测试员"同时"操作后服务器上的测试数据。

（4）缺陷修复后，进行回归测试（即修改后重新测试之前的测试，以确保认证修改的正确性），即还需（1）—（4）步骤，直到满足性能要求。

不难看出手动测试需求的人力资源非常大，上面的例子只假设有 50 个并发访问，如果有更多并发访问呢？此外，支持理论上的同时访问并不是真正需要的性能，而是真正有意义的并发访问。此外，回归测试经常在相同的场景中执行，并且不可能在手动测试下重现最后的测试场景。换句话说，第（4）步中的回归测试不是真正的回归测试。

9.1.2　分层的自动化测试

测试金字塔的概念最初是由 Mike Cohn 在他的著作 *Succeeding with Agile* 中提出。书中的基本观点是应该有更多的低级单元测试，而不仅仅是通过用户界面端到端运行的高级测试。测试金字塔如图 9.1 所示。

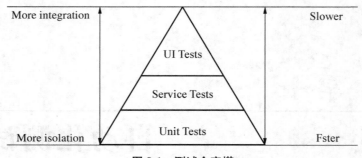

图 9.1   测试金字塔

Martin Fowler 介绍了基于测试金字塔的分层自动化测试的概念。自动化测试之前有一个"分层",将它们与"传统的"自动化测试区别开来。那么,什么是传统的自动化测试?

所谓传统自动化测试,可以理解为基于产品 UI 层的自动化测试,是一种将黑盒功能测试转化为程序或工具的自动化测试。分层自动化测试倡导从黑盒(UI)单层自动化测试到黑盒、白盒多层自动化测试。

什么是自动化测试? 自动化测试是用自动化测试工具来验证各种软件测试的需求,包括测试活动的管理和实现,通过使用工具、人工参与或干预非技术性、重复性、冗长的工作,来增加或减少。自动化测试是希望通过自动化测试工具或其他手段,按照测试工程师的计划进行测试。其目的是减少人工测试的劳动,从而提高软件的质量和发现旧的缺陷。

自动化测试最实际的应用和目的是自动回归测试。也就是说,必须拥有一个详细的测试用例数据库,该数据库可以在每个应用程序更改中重用,以确保应用程序更改不会产生任何意想不到的影响。一个"自动化测试脚本"也是一个程序。为了有效开发自动化测试脚本,必须建立与正常软件开发过程相同的协议和标准。为了有效地使用自动化测试工具,至少需要一个训练有素的技术人员。

9.1.3   自动化测试与手工测试

手工测试与自动化测试两者之间存在很大差别。首先手工测试是一种技术,它将各种子过程的需求开发成不同类型的测试用例,然后使用验证工具来验证每种类型的输出是否符合预期。手工测试在开发过程中很常见。从软件开发需求来看,手工测试过程有各种类型,如静态测试、单元测试、界面测试、集成测试、功能测试、性能测试、用户验收测试等。在每个过程中,手工测试为测试人员提供了一种指导设计测试用例的方法,然后通过手动测试验证实际结果是否与预期结果匹配。

简而言之,测试用例在整个测试活动中占据了一个关键的位置,这是开发和测试之间的交互。它将来自不同开发阶段的需求转换为测试用例,测试人员可以根据这些用例验证软件的质量。那么,什么是好的测试用例呢? 通常,可以用四个特征来描述软件测试用例的质量:有效性、经济性、可修改性和可仿效性。著名的 Keviat 图,如图 9.2 所示。

(1) 有效性主要是指测试用例是否能够发现软件缺陷,或者至少有可能发现软件缺陷。

(2) 可仿效性主要是指测试用例可以测试多个内容,因此可以减少测试用例的数量。

(3) 经济性主要指测试用例在测试执行、分析、调试等方面是否具有经济性。

(4) 可修改性主要指测试用例在未来维护中是否易于修改。

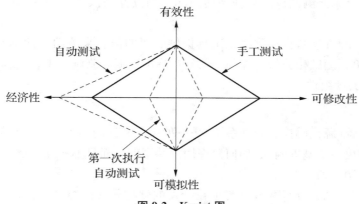

图 9.2   Keviat 图

然而,这四种类型之间通常需要取得平衡。如果一个用例可以测试多个东西,那么执行和调试分析的成本就会很高,并且会增加维护用例中的更改量。

此外,测试技术不仅保证了测试用例的高可移植性以发现缺陷,而且还保证了测试用例的成本有效设计。设计一个好的测试用例将降低自动化测试的难度,并确保自动化测试的高可移植性。

自动化测试也是一种技术,但它与手工测试有很大不同。两者都服务于测试的目的,但是自动化的程度与测试的质量无关。测试是自动执行还是手动执行并不影响测试的有效性和模拟性。测试本身的有效性直接导致测试的成功或失败。另一方面,自动化测试只影响测试的经济性和可修改性,并不影响测试的有效性和可仿效性。自动化测试通常比手工测试更经济。

简单地说,自动化测试是将测试用例转换为程序,然后自动执行,这提高了多次运行后测试的经济性和可修改性。自动化测试的质量很大程度上取决于测试自动化开发人员的自动化技术,以及如何使测试自动化脚本更加经济和可修改。一般来说,它是如何在程序不断变化时减少对程序的维护,如何快速帮助开发人员定位问题,从而提高测试的经济性和自动化测试执行的效率。

当涉及自动化软件测试时,该过程必须回到其自动化和测试的根源。只有清楚地认识它们之间的异同,才能在设计过程中掌握关联与辨析的方法。通过不同阶段的管理与技术的结合,可以保证整个自动化测试流程的易维护性,充分利用闲置资源进行自动化测试。因此,一个成功的自动化测试实现过程不仅是一个测试活动,而且是贯穿整个开发系统的关键过程。

9.2   自动化测试分类

9.2.1   单元测试

单元测试是指对软件中的最小可测试单元进行检查和验证,其目的是对源代码中的各个程序单元进行测试,检查各个程序模块是否正确实现指定的功能,最终发现模块内部可能存在的各种错误。单元测试包括从程序的内部结构设计测试用例,并在必要时制作驱动模块和桩模块。

在自动化单元测试中,自动化测试工具提供必要的信息来帮助设计单元测试和测试数据,以及存储与单元测试相关的工件(测试脚本、测试数据和测试结果)。自动化单元测试有4个需要统一的关键组件:

1. 配置管理

版本控制系统(源代码控制管理系统)是一种保存文件的多个版本的机制。所有版本控制系统都需要解决一个基本问题:如何允许用户共享信息而且不相互干扰?

(1)版本控制一切

版本控制不仅是关于源代码,且与正在开发的软件相关的每个工件都应该处于版本控制之下。

(2)确保可靠的代码经常提交给服务器

频繁交付可靠的、有质量保证的代码(编译交付是基本要求),能够轻松回滚到最新的可靠版本,并且每次代码交付都会触发持续集成构建和及时反馈。

(3)给出有意义的意见

团队成员必须使用有意义的注释的原因是,当构建失败时,可以知道是谁破坏了构建,找到可能的原因,并定位缺陷,这些附加的信息可以减少修复缺陷所需的时间。

2. 构建管理

构建工具是一个软件项目管理工具,可用于管理项目的构建、报告和文档。使用"约定优于配置"原则,只要项目按照编写构建工具的方式组织,它就可以在一个命令中执行几乎所有的构建、部署、测试和其他任务。

3. 测试框架

测试框架的优点是整个测试过程无人值守,开发人员不必在线来确定最终结果是否正确,并且很容易同时运行多个测试,允许开发人员更专注于编写测试逻辑,而不是增加构建维护时间。

4. 反馈平台

持续集成平台主要用于持续、自动构建测试软件项目,并定期监控某些任务的执行情况,实现自动化构建。代码分析平台用于管理代码质量,并为自动化单元测试反馈报告提供统一的展示平台,包括单元测试覆盖率、成功率、代码注释、代码复杂性和其他度量。

9.2.2　集成测试

系统集成阶段对于任何软件项目是必不可少的。无论采用何种开发模式,具体的开发工作都必须从一个软件单元开始到另一个软件单元。只有把各个软件单元集成起来,才能形成一个有机的整体。

在单元测试的基础上,需要将所有模块按照设计要求组装到系统中,这里有一些需要考虑的事情。

(1)连接各个模块时,经过模块接口的数据是否会丢失;

（2）一个模块的功能是否会对另一个模块的功能产生不利影响；

（3）每个子模块的组合是否能达到预期的父模块；

（4）整体的数据结构是否存在问题；

（5）单个模块的累积误差是否会被放大到不可接受的程度；

（6）单个模块的错误是否会导致整体数据库的错误。

集成测试是单元测试和系统测试之间的过渡阶段。它对应于软件开发计划的软件概要设计阶段，是单元测试的扩展。集成测试的定义是根据实际情况采用合适的集成测试策略对程序模块进行组装，正确验证系统的接口和集成功能。

自动化集成测试通常采取以下步骤。

（1）选择集成测试自动化工具。虽然许多 Java 项目使用 JUnit＋Ant 解决方案来自动化进行集成测试，但商业集成测试工具也是可用的；

（2）设置版本控制工具，确保集成测试自动化工具获取的版本为最新版本。例如，CVS用于版本控制；

（3）测试人员和开发人员负责编写与程序代码相对应的测试脚本；

（4）建立自动化集成测试工具，定期对配置管理数据库中新增的代码进行自动化集成测试，并将测试报告汇报给开发人员和测试人员；

（5）测试人员督促代码开发人员及时修改版本问题；

重复步骤（3）到（5），直到有一个最终的软件产品。

自动化集成测试可以在开发过程中及时捕获代码错误，并提供给开发团队有效的项目进度可视化视图。源代码和软件测试包的开发和维护并重，有效预防和及时纠正错误。

9.2.3 UI 测试

界面测试（简称 UI 测试）测试用户界面各功能模块的布局是否合理，整体风格是否一致，各个控件的摆放是否符合客户的使用习惯，此外还测试界面操作是否方便，导航是否易懂，页面元素是否可用，界面中的文字正确与否，名称统一与否，页面美观与否，文字、图片组合完美程度等。

UI 测试的目的是确保网站和应用程序的每个功能都能满足用户体验标准。测试一个网站或应用程序是否在视觉和听觉上让用户感到愉悦和有趣也是一个 UI 测试点。

UI 测试可以分为自动化 UI 测试和手动 UI 测试。测试人员可以根据应用程序的特性和团队的优势来决定是使用一种还是两种。

手动 UI 测试：当使用手动测试方法时，测试人员手动测试网站或应用程序的所有功能，以查看它们是否出现故障。当软件中的 UI 元素数量有限时，手动测试是有效的。

自动化 UI 测试技术：自动化 UI 测试完成得更快，这在用户期望在更短时间内交付高质量软件的行业中是必要的。Selenium 自动化测试框架允许软件同时运行多个测试场景，同时快速正确地重复相同的测试。此外，自动化 UI 测试方法可以避免人为错误。只要正确编写 UI 测试脚本，正确使用 UI 测试工具，就可以保证测试结果的准确性。

9.2.4 性能测试

在讲解性能测试时，首先了解软件性能是很重要的。软件性能是软件的一种非功能性特征,它决定的不是软件能否完成某一特定功能,而是该功能完成后显示的及时程度。软件性能的感受主体是人,不同的人对相同的软件性能会有不同的感受,不同的人从不同的角度关注软件性能。

(1) 用户角度:对于用户来说,性能就是系统的响应时间。在响应时间上,用户甚至不关心是什么软件导致的,什么是硬件导致的。用户感知的响应时间有客观、主观、心理成因素。例如,用户登录系统需要的时间,用户打开某些页面需要的时间,系统对用户操作的响应是否及时等。

(2) 系统管理员角度:管理员需要使用软件提供的管理功能,方便普通用户使用。这类用户首先关注普通用户所感知的软件功能。其次,管理员需要仔细研究如何利用管理功能进行性能调试。例如,系统服务器资源的利用率是多少,系统是否可以扩展,系统最多支持多少用户,系统是否会持续运行一段时间而不出问题。

(3) 开发人员角度:开发人员角度基本上与管理员角度相同,但开发人员需要更深入地关注软件性能。在开发过程中,开发人员希望能够开发具有最高性能的软件。例如,系统架构设计是不是合理,数据库是不是设计合理,系统是不是存在恶意的资源竞争,算法代码是不是需要改进等。

(4) 测试人员角度:测试人员需要从多个角度思考,他们需要像用户一样关注系统响应和系统稳定性,关注这些表面现象的同时还需要注意本质,如系统架构设计是不是合理,系统代码是不是还需要继续优化,系统是不是存在内存溢出。同时,还需要从测试的角度考虑如何验证软件的性能,即需要采用的测试方法、类型和工具等。

第 10 章

基于 pytest 的单元测试

pytest 测试框架是 python 专用的测试框架，使用起来非常简单，这主要得易于它的设计，pytest 测试框架具备强大的功能，丰富的第三方插件，以及可扩展性好，可以很好地和单元测试框架结合起来在项目中使用。本章将使用 pytest 框架对单元测试做一个简单地介绍。

10.1 pytest 简介

pytest 是一个非常流行且成熟的全功能的 Python 测试框架，适用于单元测试、UI 测试、接口测试，其主要优点有：

（1）简单灵活，容易上手。

（2）支持参数化。

（3）可标记测试功能与属性。

（4）pytest 具有很多第三方插件，并且可以自定义扩展。

（5）使用 skip 和 xfail 可以处理不成功的测试用例。

（6）允许直接使用 assert 进行断言。

（7）方便在持续集成工具中使用。

pytest 是 python 中的第三方库，使用之前需要先安装，在命令行中运行以下安装命令：

pip install pytest

检查安装是否成功以及安装的版本，可以使用命令 pytest -- version。

命令行命令如下：

(base) PS C:\Users\zhangli> pytest -- version

pytest 7.1.3

10.2 pytest 基本用法

10.2.1 测试用例的编写和执行

使用 pytest 编写测试用例时，需要遵循以下规则：

（1）测试文件以 test_ 开头（以 _test 结尾也可以）；

（2）测试类以 test 开头，并且不能带有 __init__ 方法；

（3）测试函数以 test_ 开头；

（4）断言使用基本的 assert 即可。

通常，使用命令 pytest 实现测试用例的执行，这将执行当前目录及其子目录中名称遵循 test_ * .py 或 * _test.py 形式的所有文件中的所有测试。常用的调用方式有：

（1）在模块中运行测试：pytest test_mod.py；

（2）在目录中运行测试：pytest testing/；

（3）按节点 ID 运行测试。

每个收集到的测试都分配有一个唯一的 nodeid，它由模块文件名和后面的说明符组成，如类名、函数名和来自参数化的参数，用"::"字符分隔。

要在模块中运行特定测试：pytest test_mod.py::test_func。

在命令行中指定测试方法的另一个示例：pytest test_mod.py::TestClass::test_method。

（4）从 python 代码中调用 pytest。

在 python 代码中执行 pytest.main()，main 方法默认调用当前文件中所有以 test 开头的函数。

例 10.1 pytest 基本使用举例。

编写 test_prime.py 文件，其中函数 prime() 可以实现判断一个数是否为素数，编写测试用例如下（本章中的测试脚本都以 prime() 为被测函数，后续代码中不再提及）：

```
def prime(number):
    if number < 0 or number in (0, 1):
            return False
    for element in range(2, number):
            if number % element == 0:
                    return False
    return True
def test_prime1():  # 测试用例 1
    assert prime(1) == False
def test_prime2():  # 测试用例 2
    assert prime(2) == True
```

在 PyCharm 中进入 Terminal，切换到 test_prime.py 所在文件路径，执行 pytest 命令，运行结果如下所示：

```
collected 2 items
test_calculator.py:
```

在运行结果中使用点"."表示执行成功，使用"F"标识表示执行失败。

通过以上举例，可以感受到 pytest 的优点，更加简单。首先，不是必须创建测试类。其次，使用 assert 断言方法更加简单。

也可以通过 pytest 的 main() 方法执行测试用例，修改上述代码，增加下面的代码片段：

```
if __name__=='__main__':
    pytest.main()
```

10.2.2　命令行参数设置

pytest 可以在命令行模式下直接使用命令执行测试脚本,因此就有对应的参数使输出结果展示不一样的信息,本节介绍几个重要的 Console 控制台下的常用参数。

（1）-v 参数

-v 参数用于查看测试的详细信息,再次使用命令 pytest -v 执行例 10.1 的 test_prime.py 脚本。结果如下所示,比起不使用-v 的输出结果更加详细,详细到每条测试用例的测试名字和结果都会显示出来,而不仅仅只是一个结果标识。

```
PS D:\autotest\配书资源\代码\chapter10\例10.1> pytest -v
collected 2 items
test_prime.py::test_prime1 PASSED                              [ 50 %]
test_prime.py::test_prime2 PASSED                              [100 %]
```

（2）-h 参数

h 是 help(帮助)的首字母,在 pytest 使用过程中可以通过 pytest-h 命令查看帮助信息,进入命令行模式,使用 pytest-h 查看帮助信息,如图 10.1 所示。

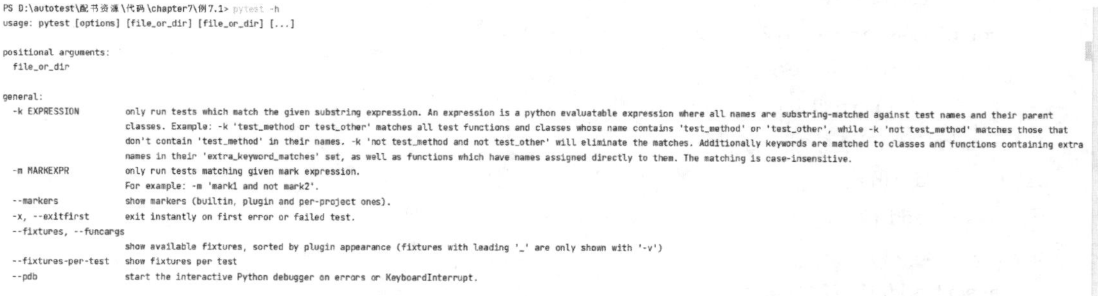

```
PS D:\autotest\配书资源\代码\chapter7\例7.1> pytest -h
usage: pytest [options] [file_or_dir] [file_or_dir] [...]

positional arguments:
  file_or_dir

general:
  -k EXPRESSION         only run tests which match the given substring expression. An expression is a python evaluatable expression where all names are substring-matched against test names and their parent
                        classes. Example: -k 'test_method or test_other' matches all test functions and classes whose name contains 'test_method' or 'test_other', while -k 'not test_method' matches those that
                        don't contain 'test_method' in their names. -k 'not test_method and not test_other' will eliminate the matches. Additionally keywords are matched to classes and functions containing extra
                        names in their 'extra_keyword_matches' set, as well as functions which have names assigned directly to them. The matching is case-insensitive.
  -m MARKEXPR           only run tests matching given mark expression.
                        For example: -m 'mark1 and not mark2'.
  --markers             show markers (builtin, plugin and per-project ones).
  -x, --exitfirst       exit instantly on first error or failed test.
  --fixtures, --funcargs
                        show available fixtures, sorted by plugin appearance (fixtures with leading '_' are only shown with '-v')
  --fixtures-per-test   show fixtures per test.
  --pdb                 start the interactive Python debugger on errors or KeyboardInterrupt.
```

图 10.1　查看 pytest 帮助信息

（3）其他参数

pytest 在使用过程中除了-v 和-h 参数外,还有一些比较常用的参数,如表 10.1 所示。

表 10.1　pytest 常用参数

参数	含义	示例
-k	模糊匹配时使用	pytest -k " add "
-m	标记测试并且分组,运行时可以快速选择分组并且运行	pytest -m " mark1 "
-x	pytest 运行时遇到失败的测试用例后会终止运行	pytest -x
--collect-only	显示要执行的用例,但是不会执行	pytest --collect-only
--ff	也可以写成--failed-first,先执行上次失败的测试,然后执行上次正常的测试	pytest --ff
--lf	也可以写成--last-failed,只执行上次失败的测试	pytest --lf

参数	含义	示例
-- setup - show	用于显示测试函数中的 print()输出 用于查看具体的 setup 和 teardown 顺序	pytest -- setup - show
-- sw	也可以写成-- stepwise,测试失败时退出并从上次失败 的测试继续下一次	pytcst -- sw

10.2.3　断言

pytest 单元测试框架并没有提供专门的断言方法,而是直接使用 python 的 assert 进行断言。

例 10.2　创建 test assert.py 文件,使用 assert 断言。

```
# - * - coding:utf - 8 - * -
import pytest
def add(a, b):
    return a + b
def prime(number):
    if number < 0 or number in (0, 1):
        return False
    for element in range(2, number):
        if number % element == 0:
            return False
    return True
def test_add_1():
    assert add (3, 4)== 7
def test_add_2():
    assert add(17,22)! = 50
def test_add_3():
    assert add(17,22) <= 50
def test_add_4():
    assert add(17,22)>= 38
def test_in():
    a = " hello "
    b = " he "
    assert b in a
def test_not_in():
    a = " hello "
    b =" hi "
    assert b not in a
def test_true():
    assert prime(3) is True
def test_not_true():
```

```
    assert   prime(1) is not True
def test_false():
    assert   prime(6) is False
if __name__ == '__main__':
    pytest.main()
```

执行结果如下所示:

```
collected 9 items
test_assert.py .........                                    [100 %]
```

10.3　固件 fixture

　　fixture 中文称为固件或夹具,用于测试用例执行前的数据准备、环境搭建和测试用例执行后的数据销毁、环境恢复等工作,pytest 框架不仅允许代码在运行时只在某些特定测试用例前执行,而且还可以在测试用例和测试用例之间传递参数和数据。

10.3.1　fixture 的使用

　　fixture 属于 pytest 的一个方法,可以用作测试用例的前置和后置操作,fixture 不固定命名,如果要将一个方法作为 fixture 使用,只需要在该方法前添加装饰器@pytest.fixture( )即可。

　　测试函数通过将 fixture 声明为参数来请求 fixture。当 pytest 运行测试函数时,会查看该测试函数中的参数,然后搜索与这些参数具有相同名称的 fixture。一旦 pytest 找到这些对象,就会运行这些 fixture。

　　例 10.3　新建 test_fixture.py,部分代码如下所示,使用−s 参数将文本输出到控制台。

```
@pytest.fixture()
def fixture_prepare():
    print('\nthis is fixture prepare ')
def test_prime1(fixture_prepare):＃测试用例 1
    assert prime(1)== False
def test_prime2(fixture_prepare):＃测试用例 2
    assert prime(2)== True
if __name__=='__main__':
    pytest.main(['-s','test_fixture.py '])
```

　　运行代码,执行结果如下所示,从结果中可以看出每个以 test 开头的方法在运行前都指向了 fixture_prepare。

```
collected 2 items
test_fixture.py
this is fixture prepare.
this is fixture prepare.
```

　　使用 pytest.fixture( )方法时有很多参数可供选择,源码定义中为 fixture (scope = " function", params = None, autouse = False, ids = None, name = None),这些参数都有各

自不同的用法,说明如下:

（1）scope：定义 fixture 的作用域,有 4 组可选参数 function、class、module、package/session,默认为 function。

（2）params：fixture 的可选形参列表,支持列表传入,默认 None,每个 param 的值 fixture 都会去调用执行一次,类似 for 循环。

（3）autouse：如果为 True,则所有测试方法都会执行自动调用该 fixture,无需传入 fixture 函数名;如果为 False(默认值),则只对添加了固件方法的测试方法执行固件方法。

（4）ids：每个参数都与列表中的字符串 id 对应,因此它们是测试 id 的一部分。如果没有提供 id,将从参数中自动生成。

（5）name：fixture 的名称,默认为装饰器的名称。通常来说使用 fixture 的测试函数会将 fixture 的函数名作为参数传递,但是 pytest 也允许将 fixture 重命名。如果使用了 name,那只能将 name 传入,函数名不再生效。

10.3.2　fixture 的作用域

fixture 的作用域用来指定固件的使用范围,固件的指定范围可通过 scope 参数声明,scope 参数有 4 个可选项可以使用:

（1）function：函数级别,默认级别,每个测试方法执行前都会执行一次。

（2）class：类级别,每个测试类执行前执行一次。

（3）module：模块级别,每个模块执行前执行一次,即每个测试.py 文件执行前执行一次。

（4）session：会话级别,即多个文件调用一次,可以跨.py 文件。

例 10.4　新建文件 fixture_scope.py,定义 4 个不同作用范围的 fixture,分别是 session、module、class 和 function 级别,再定义一个测试类 TestFixture,其中包括两个测试方法,以及两个单独的测试方法。部分代码如下所示:

```python
@pytest.fixture(scope=' session ')
def session_fixture():
    print(" This is session fixture ")
@pytest.fixture(scope=' module ')
def module_fixture():
    print(" This is module fixture ")
@pytest.fixture(scope=' class ')
def class_fixture():
    print(" This is class fixture ")
@pytest.fixture(scope=' function ')
def func_fixture():
    print(" This is function fixture ")
@pytest.mark.usefixtures(' class_fixture ')
class TestFixture():
    def test_prime1(self):
        assert prime(1)== False
    def test_prime2(self):
```

```
        assert prime(2)== True
def test_prime3(session_fixture,module_fixture,func_fixture):
        assert prime(3) == True
def test_prime4(session_fixture,module_fixture,func_fixture):
        assert prime(4) == False
if __name__=='__main__':
        pytest.main(['-s','fixture_scope.py'])
```

当测试方法需要调用 fixture 时,可以通过直接在方法中增加 fixture 参数。如果一个测试 class 类中所有的测试方法都需要用到 fixture,每个用例都去传参会比较麻烦,这个时候可以选择在 class 类上使用装饰器@pytest.mark.usefixtures()修饰,使得整个 class 都可以调用 fixture。

代码执行结果如下所示:

```
collected 4 items
fixture_scope.py  This is class fixture
..This is session fixture
This is module fixture
This is function fixture
. This is function fixture.
```

从上面的执行结果可以看出各种不同 fixture 的作用域和执行顺序:

session 级别和 module 级别的 fixture 只执行了一次,测试方法 test_prime3 和 test_prime4 分别执行了 function 级别的 fixture。

测试类 TestFixture 虽然有两个测试方法,但是只执行了一次 class 级别的 fixture。

10.3.3 参数化 params

fixture 参数化是通过参数 params 实现的。

同一个测试方法可能需要不同的参数来构造逻辑基本相同、环境或者结果稍微有所不同的场景,这时就可以利用 fixture 的参数化来减少重复工作。执行 fixture 函数参数化时会使用 pytest 中内置的固件 request,并通过 request.param 来获取到测试的请求参数。fixture 函数的 params 请求参数数量(请求参数的数据类型为列表/元组,请求参数数量为列表/元组元素个数)决定 fixture 函数执行的次数。此时,fixture 函数的装饰器@pytest.fixture(params = test_data)参数需要传值。

例 10.5 编写代码,使用参数化进行测试。部分代码如下所示:

```
test_data = [(1,False), (2, True), (3, True)]
@pytest.fixture(params = test_data)
def test_params(request):
        return request.param
def test_prime(test_params):
        assert test_params[1]== prime(test_params[0])
if __name__=='__main__':
        pytest.main(['-s','-v','fixture_params.py'])
```

代码运行结束后，可以看到测试方法执行了 3 次，有 3 组测试数据。测试结果如下所示：

```
collecting ... collected 3 items
fixture_params.py::test_prime[test_params0] PASSED
fixture_params.py::test_prime[test_params1] PASSED
fixture_params.py::test_prime[test_params2] PASSED
```

ids 要结合着 params 一起使用。当有多个 params 时，针对每一个 param，可以指定一个 id，然后，这个 id 会变成测试用例名字的一部分。如果没有提供 id，则 id 将自动生成。

修改上述代码增加 ids，如下所示：

```
test_data = [(1,False), (2, True), (3, True)]
@pytest.fixture(params = test_data,ids =[' one ',' two ',' three '])
def test_params(request):
    return request.param
```

代码执行结果如下所示，在每条测试用例的后面都有对应的 ids。

```
collecting ... collected 3 items
fixture_params.py::test_prime[one] PASSED
fixture_params.py::test_prime[two] PASSED
fixture_params.py::test_prime[three] PASSED
```

10.3.4　为常用 fixture 添加 autouse 选项

在上一小节中，可以看到测试方法通过参数名称可以使用 fixture，但是当测试方法特别多时，每次传入参数会比较麻烦。为了解决这一问题，fixture 提供了参数 autouse，可以自动将 fixture 添加到测试方法上。autouse 默认为 Fasle，不启用。如果设置为 True，则开启自动使用 fixture 功能，每个测试函数都会自动调用该 fixture，无需传入 fixture 函数名。

例 10.6　新建文件 fixture_autouse.py，定义测试固件 autouse_fixture 并设置其装饰器 pytest.fixture 的参数 autouse 为 True，再定义两个测试方法 test_prime1 和 test_prime2。代码执行后如果两个测试方法的 setup 和 teardown 中都执行了固件 autouse_fixture，则可证明 autouse 参数可以自动将测试固件添加到测试方法上。部分代码如下所示：

```
@pytest.fixture(autouse = True)
def autouse_fixture():
    print(" This is autouse of fixture ")
def test_prime1():
    assert prime(1) == False
def test_prime2():
    assert prime(2) == True
if __name__ == '__main__':
    pytest.main(['-s ','-- setup - show ',' fixture_autouse.py '])
```

使用参数 – setup – show（查看具体的 setup 和 teardown 顺序）和参数 – s（显示函数中 print()输出）运行代码，控制台的输出结果如下：

```
2 items
```

fixture_autouse.py This is autouse of fixture

    SETUP   F autouse_fixture

    fixture_autouse.py::test_prime1 (fixtures used: autouse_fixture).

    TEARDOWN F autouse_fixtureThis is autouse of fixture

    SETUP   F autouse_fixture

    fixture_autouse.py::test_prime2 (fixtures used: autouse_fixture).

    TEARDOWN F autouse_fixture

从上面的运行结果中可以得出,test_prime1 和 test_prime2 两个测试方法的 setup 和 teardown 中都执行了固件 autouse_fixture,与预期结果一致,可知 autouse 参数可以自动地将测试固件添加到测试方法上。

10.3.5　使用 yield 实现 fixture 的后置操作

控制 fixture 的前置和后置操作是通过 yield 关键字来进行区分的,代码在 yield 前面的属于前置操作,代码在 yield 后面的属于后置操作。fixture 没有要求必须前后置同时存在,可以只存在前置也可以只存在后置。fixture 如果有后置内容,无论遇到什么问题,都会执行后置代码。编程中使用 yield 关键字可以将准备和清理工作组合在一起,使代码更简洁,并且逻辑关系更加紧密,便于管理和维护。

例 10.7　新建文件 fixture_yield.py,定义一个测试准备和测试销毁的方法 fixture_yield(),使测试用例执行前输出"test start",测试用例执行结束后输出"test end"。部分代码如下所示:

```
@pytest.fixture(autouse = True)
def fixture_yield():
    print(" test start ")
    yield
    print(" test end ")
def test_prime1():
    assert prime(1) == False
def test_prime2():
    assert prime(4) == True
if __name__ == '__main__':
    pytest.main(['-s','fixture_yield.py'])
```

代码运行结果如下所示:

```
collected 2 items
fixture_yield.py test start
.test end
test start
Ftest end
================== FAILURES ====================
_____ test_prime2 _____
    def test_prime2():
>       assert prime(4) == True
E       assert False == True
```

```
E        +  where False = prime(4)
fixture_yield.py:24: AssertionError
================ short test summary info ================
FAILED fixture_yield.py::test_prime2 - assert False == True
================ 1 failed, 1 passded in 0.14s ================
```

从结果中可以看出,测试用例在执行前执行了 yield 关键词之前的语句,测试用例执行后执行了 yield 关键词之后的语句。

使用关键字 yield 时需要注意以下几点:

(1) 如果测试用例中的代码出现异常或者断言失败,并不会影响固件中 yield 后面代码的执行。

(2) yield 只是一个关键字,后面或前面的代码执行几次取决于 fixture 装饰器给出的参数作用域。

10.3.6 通过 conftest.py 共享 fixture

fixture 可以放在单独的测试文件里,也可以多个文件共享 fixture。许多测试用例的前置条件都存在相同的内容,比如一个后台管理系统的测试,即登录是绕不过去的。如果每执行一个测试用例都要复写一遍登录显然是不合理的,因此需要将登录写成一个方法,然后共享给所有需要使用的测试用例即可达到复用的目的。在 pytest 框架下便提供了一个共享 fixture 的功能。如果希望多个测试文件共享 fixture,可以在某个公共目录下新建一个 conftest.py 文件,将 fixture 放在其中。其他测试文件在运行时会自动查找。

使用 conftest.py 文件时需要注意以下几点:

(1) conftest.py 文件名称需固定,不能更改。

(2) conftest.py 需要与运行的用例文件在同一个 package 下,并且保存在__init__.py 文件中。

```
∨ 📁 例10.8
  > 📁 .pytest_cache
    📄 __init__.py
    📄 conftest.py
    📄 prime.py
    📄 test_file1.py
    📄 test_file2.py
```

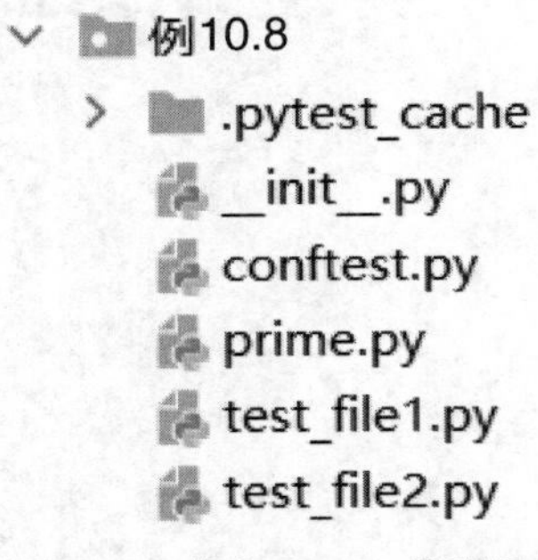

图 10.2 共享 fixture 代码目录结构

(3) 使用 conftest.py 时不需要 import 导入,pytest 用例会自动识别。

(4) 如果 conftest.py 放在项目的根目录下,则对全局生效。如果放在某个 package 下则只对 package 下的用例文件生效,允许存在多个 conftest.py 文件。

(5) 所有同目录测试文件运行前都会执行 conftest.py 文件。

例 10.8 在文件夹新建_init_.py 文件、conftest.py 文件、prime.py 文件和两个测试文件 test_file1.py 和 test_file2.py,目录结果如图 10.2 所示。

在 conftest.py 文件中定义一个 session 级别的 fixture,在测试执行前和执行后进行不同的输出操作,内容如下:

```
# -*-coding:utf-8-*-
import sys
import pytest
```

```
@pytest.fixture(scope="session")
def fixture_share():
    """ session 级别的 fixture,针对该目录下的所有用例都生效"""
    print("\n---session 级别的用例前置操作---")
    yield
    print("---session 级别的用例后置操作---")
```

prime.py 文件中定义判断一个数是否为素数的方法,内容如下:

```
def prime(number):
  if number < 0 or number in (0, 1):
      return False
  for element in range(2, number):
      if number % element == 0:
          return False
  return True
```

testfile1.py 和 testfile1.py 文件中分别定义了 1 个测试方法,内容如下所示:

```
#testfile1.py
# -*-coding:utf-8-*-
import sys
import pytest
from prime import prime
def test_prime1(fixture_share):
    assert prime(1) == False
#testfile2.py
# -*-coding:utf-8-*-
import sys
import pytest
from prime import prime
def test_prime2(fixture_share):
    assert prime(2) == True
```

在 Pycharm 中,打开 Terminal,进入例 10.8 的目录后,执行命令 pytest -v -s,运行结果如下所示:

```
collected 2 items
test_file1.py::test_prime1
test start
PASSEDtest end
test_file2.py::test_prime2
test start
PASSEDtest end
```

如上结果所示,所有的测试方法在运行前和运行结束后都执行共享文件 conftest.py 中的 fixture 方法。因为 conftest.py 文件中的 fixture 作用域是函数级别的,所以程序运行过程中每个测试方法都会被执行。如果想要 fixture 在程序运行过程中只运行一次,那么只需要将作用域改为会话级别 session 即可。

10.3.7　name 参数——重命名 fixture 函数名称

可以用 name 给 fixture 修饰的方法改名字,测试方法需传入重命名后的 fixture 函数名。

例 10.9　在例 10.3 的基础上,在 fixture 中增加 name 参数,部分代码如下所示:

```
@pytest.fixture(name = 'test')
def fixture_prepare():
    print('\nthis is fixture prepare')
    # 此处需传入重命名后的 fixture 函数名
def test_prime1(test):  # 测试用例 1
    assert prime(1)== False
if __name__=='__main__':
    pytest.main(['-s','fixture_name.py'])
```

代码执行结果如下所示:

```
collected 1 item
fixture_name.py
this is fixture prepare
.
```

10.4　mark 标记

pytest 提供了标记的机制,允许使用 markers 来标记测试函数,通过不同的标记实现不同的运行策略,熟练使用 mark 标记表达式对于以后分类用例非常有用,方便能够准确地运行想要运行的测试用例,可以节省很多时间。

一个函数可以标记多个 markers,一个 markers 也可以用来标记多个函数。在命令行中输入 pytest -- markers 可以查看所有的 mark 标签,有内置的 makers 可以使用,也可以自己定义,结果如图 10.3 所示。

```
PS D:\autotest\配书资源\代码\chapter7\例7.12> pytest --markers
@pytest.mark.allure_label: allure label marker

@pytest.mark.allure_link: allure link marker

@pytest.mark.allure_description: allure description

@pytest.mark.allure_description_html: allure description html

@pytest.mark.filterwarnings(warning): add a warning filter to the given test. see https://docs.pytest.org/en/stable/how-to/capture-warnings.html#pytest-mark-filterwarnings

@pytest.mark.skip(reason=None): skip the given test function with an optional reason. Example: skip(reason="no way of currently testing this") skips the test.

@pytest.mark.skipif(condition, ..., *, reason=...): skip the given test function if any of the conditions evaluate to True. Example: skipif(sys.platform == 'win32') skips the test if we are on the win32 platform. See https://docs.pytest.org/en/stable/reference/reference.html#pytest-mark-skipif

@pytest.mark.xfail(condition, ..., *, reason=..., run=True, raises=None, strict=xfail_strict): mark the test function as an expected failure if any of the conditions evaluate to True. Optionally specify a reason for better reporting and run=False if you don't even want to execute the test function. If only specific exception(s) are expected, you can list them in raises, and if the test fails in other ways, it will be reported as a true failure. See https://docs.pytest.org/en/stable/reference/reference.html#pytest-mark-xfail

@pytest.mark.parametrize(argnames, argvalues): call a test function multiple times passing in different arguments in turn. argvalues generally needs to be a list of values if argnames specifies only one name or a list of tuples of values if argnames specifies multiple names. Example: @parametrize('arg1', [1,2]) would lead to two calls of the decorated test function, one with arg1=1 and another with arg1=2.see https://docs.pytest.org/en/stable/how-to/parametrize.html for more info and examples.

@pytest.mark.usefixtures(fixturename1, fixturename2, ...): mark tests as needing all of the specified fixtures. see https://docs.pytest.org/en/stable/explanation/fixtures.html#usefixtures

@pytest.mark.tryfirst: mark a hook implementation function such that the plugin machinery will try to call it first/as early as possible.
```

图 10.3　pytest-markers 命令运行结果

各个 mark 的具体含义如下所示：

（1）@pytest.mark.filterwarnings(warning)：在标记的测试方法上添加警告过滤，详细内容参考 https://docs.pytest.org/en/latest/warnings.html#pytest-mark-filterwarnings。

（2）@pytest.mark.skip(reason=None)：执行时跳过标记的测试方法，reason 为跳过的原因，默认为空。

（3）@pytest.mark.skipif(condition)：通过条件判断是否跳过标记的测试方法。如果 condition 的判断结果为真则跳过，否则不跳过。

（4）@pytest.mark.xfail(condition, reason=None, run=True, raises=None, strict=False)：如果满足 condition 的条件，则将测试预期结果标记为执行失败，默认为 True。reason 为用于标记失败的原因，默认为 None。

（5）@pytest.mark.parametrize(argnames, argvalues)：测试函数参数化，即调用多次测试函数，依次传递不同的参数。如果 argnames 只有一个名称，则 argvalues 需要以列表的形式给出值；如果 argnames 有多个名称，则 argvalues 需要以列表嵌套元组的形式给出值。如果 parametrize 的参数名称和 fixture 名称一样，会覆盖掉 fixture。例如，@parametrize('arg1',[1,2])将对测试函数调用两次，第一次调用 arg1=1，第二次调用 arg1=2。@parametrize('arg1, arg2',[(1,2),(3,4)])将对测试函数调用两次，第一次调用 arg1=1，arg2=2，第二次调用 arg1=3，arg2=4。更多详细内容请参考 https://docs.pytest.org/en/stable/how-to/parametrize.html/。

（6）@pytest.mark.usefixtures(fixturename1, fixturename2,…)：将测试用例标记为需要指定的所有 fixture。和直接使用 fixture 的效果一样，只不过不需要把 fixture 名称作为参数放置在方法声明中，并且可以使用 class（fixture 暂时不能用于 class）。下面详细介绍这些 marker 标记。

10.4.1　skip 和 skipif 标记

众所周知，测试用例是需要不断维护和更新的。在测试过程也经常会将一些废弃的用例下架，以便在执行测试集时可以跳过这些用例。这样，在执行结束后，测试报告也不会因某些废旧 case 的执行失败而不通过测试。pytest 则提供这样的装饰器跳过某些用例，而且还允许根据条件判断跳过哪些 case。

（1）skip

如果在测试方法前添加了@pytest.mark.skip(reason=None)，则在执行过程中遇到该方法时跳过不执行。

例 10.10　新建 test_skip.py 文件，其中有 3 个测试方法 test_skip1、test_skip2 和 test_skip3，test_skip1 和 test_skip2 都添加了@pytest.mark.skip 装饰器，其中 test_skip2 中的装饰器添加了跳过原因，部分代码如下所示：

```
@pytest.mark.skip()
def test_skip1():
    assert prime(-1)== False
@pytest.mark.skip(reason="跳过该条用例")
def test_skip2():
```

```
    assert prime(0)== False
def test_skip3():
    assert prime(3)== True
if __name__ == '__main__':
    pytest.main(["-v","test_skip.py"])
```

代码执行结果如下所示：

```
collecting ... collected 3 items
test_skip.py::test_skip1 SKIPPED (unconditional skip)              [ 33 %]
test_skip.py::test_skip2 SKIPPED (跳过该条用例)                     [ 66 %]
test_skip.py::test_skip3 PASSED                                    [100 %]
```

从运行结果可以看出，test_skip1 和 test_skip2 测试方法都跳过执行，其中在 test_skip2 中可以显示添加的 reason；test_skip3 正常执行。

（2）skipif

与 skip 相比，skipif 可以对一些条件进行判断从而决定是否跳过测试方法，只有在满足条件下才跳过，否则执行。

例 10.11　新建 test_skipif.py 文件，定义两个方法 test_skipif1 和 test_skipif2。在 test_skipif1()中添加判断条件：当前系统不是 32 位 Windows 操作系统（sys.platform ！= "win32"）时跳过执行，在 test_skipif2()中添加判断条件：当前系统是 32 位 Windows 操作系统（sys.platform == "win32"）时跳过执行，部分代码如下所示：

```
@pytest.mark.skipif(' sys.platform! ="win32"')
def test_skipif1():
    assert prime(1)== False
@pytest.mark.skipif(' sys.platform =="win32"',reason ="requires Windows")
def test_skipif2():
    assert prime(3)== True
if __name__ == '__main__':
    pytest.main(["-v","test_skipif.py"])
```

代码执行结果如下所示：

```
collecting ... collected 2 items
test_skipif.py::test_skipif1 PASSED                               [ 50 %]
test_skipif.py::test_skipif2 SKIPPED (requires Windows)           [100 %]
```

从测试结果可以看出，当前系统为 win32，因此跳过 test_skipif2()测试方法的执行，执行后的结果为 SKIPPED；而 test_skipif1()测试方法可以正常执行。

10.4.2　xfail

xfail 可以拆分成 x 和 fail 理解，x 表示可以预期到的结果，fail 为失败，合起来可表达成可以预期到的失败的测试。xfail 意味将测试用例标记为预期失败。一个常见的例子是对尚未实现的功能或尚未修复的错误进行测试。标记后的用例会正常执行，只是失败时不再显示堆栈信息，最终的结果有两个：用例执行失败时（XFAIL：符合预期的失败）、用例执行成功时(XPASS:不符合预期的成功)。

例 10.12　新建文件 test_xfail.py,定义两个测试方法 test_xfail1()和 test_xfail2()。在 test_fail1()和 test_xfail2()中均添加装饰器@pytest.mark.xfail(),在 test_xfail1()中添加错误断言,在 test_xfail2()中添加正确断言。部分代码如下所示:

```
@pytest.mark.xfail(reason ="判断错误")
def test_xfail1():
    assert prime(1)== True
@pytest.mark.xfail
def test_xfail2():
    assert prime(1)== False
if __name__ == '__main__':
    pytest.main(["-v", "test_xfail.py"])
```

执行代码后的运行结果如下所示:

```
collecting ... collected 2 items
test_xfail.py::test_xfail1 XFAIL (判断错误)                    [ 50 %]
test_xfail.py::test_xfail2 XPASS                            [100 %]
```

从运行结果可以看出,test_xfail1()测试方法预期失败,执行结果为 XFAIL; test_xfail2()测试方法预期成功,执行结果为 XPASS。

10.4.3　parametrize

parametrize 用于对测试方法进行数据参数化,使得同一个测试方法结合不同的测试数据也能达到同时测试的目的。此功能与 fixtures 中 params 类似。

例 10.13　新建 test_parametrize.py 文件,定义一个列表 test_data 和一个 test_prime()方法。在 test_prime()方法前添加装饰器@pytest.mark.parametrize(' number,Isprime ', test_data),需要注意的是 test_prime()的两个参数 number 和 Isprime 需要与装饰器@ pytest.mark. parametrize 中的参数保持一致。在 pytest 执行中就会遍历 test_data 中的元素并且依次作为参数值传入 test_prime 的两个参数 number 和 Isprime。部分代码如下所示:

```
test_data = [(1,False), (2, True), (3, True)]
@pytest.mark.parametrize(' number,Isprime ',test_data)
def test_prime(number,Isprime):
    assert prime(number)== Isprime
if __name__=='__main__':
    pytest.main(['-s','-v',' test_parametrize.py '])
```

代码执行结果为:

```
collecting ... collected 3 items
test_parametrize.py::test_prime[1 -False] PASSED
test_parametrize.py::test_prime[2 -True] PASSED
test_parametrize.py::test_prime[3 -True] PASSED
```

从结果中可以看出,测试方法 test_prime()执行了三次,每次使用的参数值对应 test_

data 中的元素值。测试方法的执行次数取决于参数值的个数。

10.4.4　usefixtures

usefixtures 标记一般用于给测试类下面的测试方法统一设置测试 fixture，和直接使用 fixture 的效果一样，只不过不需要把 fixture 名称作为参数放置在方法声明中，但是此种方法无法获取 fixture 的返回值。

例 10.14　新建 test_usefixtures.py 文件，新建两个 fixture：fixture_prepare1 和 fixture_prepare2。在测试方法 test_prime1()中使用装饰器@pytest.mark.usefixtures("fixture_prepare1")，在测试方法 test_prime2()中使用装饰器@pytest.mark.usefixtures("fixture_prepare1","fixture_prepare2")。部分代码如下所示：

```
@pytest.fixture()
def fixture_prepare1():
    print('\nthis is fixture prepare1 ')
    yield
    print(' test end1 ')
@pytest.fixture()
def fixture_prepare2():
    print('\nthis is fixture prepare2 ')
    yield
    print(' test end2 ')
@pytest.mark.usefixtures("fixture_prepare1")
def test_prime1():  ＃测试用例 1
    assert prime(1)== False
@pytest.mark.usefixtures("fixture_prepare1","fixture_prepare2")
def test_prime2():  ＃测试用例 2
    assert prime(2)== True
if __name__=='__main__':
    pytest.main(['-s','-v','test_usefixtures.py'])
```

代码运行结果为：

```
collecting ... collected 2 items
test_usefixtures.py::test_prime1
this is fixture prepare1
PASSEDtest end1
test_usefixtures.py::test_prime2
this is fixture prepare1
this is fixture prepare2
PASSEDtest end2
test end1
```

从运行结果可以看出，测试方法 test_prime1()在执行前后调用了固件 fixture_prepare1()；测试方法 test_prime2()在执行前后分别调用了固件 fixture_prepare1()

和 fixture_prepare2()。

10.4.5　使用 mark 自定义标记

　　pytest 提供了标记机制,允许使用装饰器 pytest.mark 标记名对测试函数(测试用例)做标记,一个测试函数(测试用例)可以有多个 mark,一个 mark 也可以用于标记多个测试函数(测试用例)。标记名建议根据项目取比较容易识别的词,例如,conmmit、mergerd、done、undo 等。针对冒烟测试,可以使用 mark 标记,检查系统有没有重大缺陷,因为冒烟测试通常不包含全套测试。

　　在命令行模式下使用时,只需要通过参数 -m 加上标记名就可执行被标记的测试方法。

　　例 10.15　新建 test_mark_customize.py 文件,定义 3 个测试方法:test_prime1()、test_prime2()和 test_prime3(),其中测试方法 test_prime1()和 test_prime2()前添加标记@pytest.mark.smoke。在调用 pytest.main()时,指定参数'-m smoke '。部分代码如下所示:

```
@pytest.mark.smoke
def test_prime1():
    assert prime(2)== True
@pytest.mark.smoke
def test_prime2():
    assert prime(3)== True
def test_prime3():
    assert prime(4)== False
if __name__=='__main__':
    pytest.main(['-m smoke ','-v ',' test_mark_customize.py '])
```

　　代码运行结果如下所示:

```
collecting ... collected 3 items / 1 deselected / 2 selected
test_mark_customize.py::test_add1 PASSED                          [ 50 %]
test_mark_customize.py::test_add2 PASSED                          [100 %]
======================= warnings summary =====================
test_mark_customize.py:13
    D:\autotest\配书资源\代码\chapter11\例 10.15\test_mark_customize.py:13:
PytestUnknownMarkWarning: Unknown pytest.mark.smoke - is this a typo?   You can register custom
marks to avoid this warning - for details, see https://docs.pytest.org/en/stable/how-to/mark.html
    @pytest.mark.smoke …..
================ 2 passed, 1 deselected, 2 warnings in 0.02s ===============
```

　　在运行脚本时出现了警告,可以在调用 pytest.main()时通过添加参数 '--disable-warnings '禁用,代码修改为:pytest.main(['-m smoke ','-v ','--disable-warnings ',' test_mark_customize.py '])。

　　测试函数可以添加多个标记,在执行过程中标记可以使用逻辑表达式 and、or 或 not 等。

　　例 10.16　新建文件 test_mark_customize1.py,新建 3 个测试方法:test_prime1()、test_prime2()和 test_prime3(),其中测试方法 test_prime1()前添加标记@pytest.mark.smoke,test_prime2()前添加标记@pytest.mark.test,测试方法 test_prime3()两个标记都添加。在

调用 pytest.main 时，指定参数' - m smoke or test '。部分代码如下所示：

```
@pytest.mark.smoke
def test_prime1():
    assert prime(2)== True
@pytest.mark.test
def test_prime2():
    assert prime(3)== True
@pytest.mark.smoke
@pytest.mark.test
def test_prime3():
    assert prime(4)== False
if __name__=='__main__':
    pytest. main (['- m smoke or test ','- v ','-- disable - warnings
','test_mark_customize1.py '])
```

代码执行结果如下所示：

```
collecting ... collected 3 items
test_mark_customize1.py::test_prime1 PASSED                        [ 33 %]
test_mark_customize1.py::test_prime2 PASSED                        [ 66 %]
test_mark_customize1.py::test_prime3 PASSED                        [100 %]
```

从运行结果可以看出，由于执行标记为' smoke '或' test '，因此三个测试方法都被选中执行，同时由于指定了参数'-- disable - warnings '，所以执行结果中不再出现警告。

10.5　pytest 插件

pytest 测试框架非常受欢迎，不单是因为它拥有非常灵活的测试固件 fixture，而且它还有非常强大的插件生态系统，也是一个插件化的测试平台。不同的插件满足了测试过程中的不同需求，这就使得 pytest 拥有了更多的便利与可能性。如果既有的插件无法满足需要，则可以定制自己需要的插件，以下列举一些非常实用的插件：

（1）pytest - sugar：改变 pytest 的默认外观，增加了一个进度条，并立即显示失败的测试。它不需要配置，只需点击安装 pytest - sugar，用 pytest 运行测试，可获得更漂亮，更有用的输出。

（2）pytest - allure - adaptor：生成 allure 报告，在持续集成中推荐使用。

（3）pytest - instafail：在测试运行期间报告失败。修改 pytest 默认行为，将失败和错误的代码立即显示，改变了 pytest 需要完成每个测试后才显示的行为。

（4）pytest - rerunfailures：失败用例重跑，是个非常实用的插件。如果对失败的测试用例进行重新测试，将有效提高报告的准确性。

（5）pytest - ordering：可以指定一个测试套件中所有用例执行顺序。pytest 默认情况下是根据测试方法名由小到大执行的，使用 pytest - ordering 插件则可改变这种运行顺序。

（6）pytest - timeout：根据函数标记或全局定义使测试超时。

当然还有很多非常强有力的插件，在 pytest Plugin Compatibility 的网站 https：//docs.

pytest.org/en/latest/reference/plugin_list.html 中可以查看针对不同 pytest 和 python 版本的几乎所有的插件列表。也可以在 pytest – pypi.org 中搜索查找需要的插件。

10.5.1 插件的安装与卸载

pytest 的第三方插件安装很简单，和 python 的包安装类似，使用 python 包管理工具 pip 即可。

语法为：pip install pytest – Name，Name 为插件名。

例如，安装插件 pytest – sugar，可以使用命令 pip install pytest – sugar，安装如图 10.4 所示。

```
(base) C:\Users\zhangli>pip install pytest-sugar
Looking in indexes: http://pypi.mirrors.ustc.edu.cn/simple
Collecting pytest-sugar
  Downloading https://mirrors.bfsu.edu.cn/pypi/web/packages/3e/05/4375ccf896e5dccce262a37a432ae0eea0fdaa8d6812020271ce
9087263b/pytest_sugar-0.9.6-py2.py3-none-any.whl (9.1 kB)
Collecting termcolor>=1.1.0
  Downloading https://mirrors.bfsu.edu.cn/pypi/web/packages/c3/23/16f4cdb09368524cd7cf47c2950663dd197a6c180cd5b6db01dc
b65c5135/termcolor-2.1.1-py3-none-any.whl (6.2 kB)
Requirement already satisfied: packaging>=14.1 in c:\users\zhangli\miniconda3\lib\site-packages (from pytest-sugar) (2
1.3)
Requirement already satisfied: pytest>=2.9 in c:\users\zhangli\miniconda3\lib\site-packages (from pytest-sugar) (7.1.3
)
Requirement already satisfied: pyparsing!=3.0.5,>=2.0.2 in c:\users\zhangli\miniconda3\lib\site-packages (from packagi
ng>=14.1->pytest-sugar) (3.0.9)
Requirement already satisfied: tomli>=1.0.0 in c:\users\zhangli\miniconda3\lib\site-packages (from pytest>=2.9->pytest
-sugar) (2.0.1)
Requirement already satisfied: pluggy<2.0,>=0.12 in c:\users\zhangli\miniconda3\lib\site-packages (from pytest>=2.9->p
ytest-sugar) (0.13.1)
Requirement already satisfied: attrs>=19.2.0 in c:\users\zhangli\miniconda3\lib\site-packages (from pytest>=2.9->pytes
t-sugar) (22.1.0)
Requirement already satisfied: py>=1.8.2 in c:\users\zhangli\miniconda3\lib\site-packages (from pytest>=2.9->pytest-su
gar) (1.10.0)
Requirement already satisfied: iniconfig in c:\users\zhangli\miniconda3\lib\site-packages (from pytest>=2.9->pytest-su
gar) (1.1.1)
Requirement already satisfied: colorama in c:\users\zhangli\miniconda3\lib\site-packages (from pytest>=2.9->pytest-sug
ar) (0.4.4)
Installing collected packages: termcolor, pytest-sugar
Successfully installed pytest-sugar-0.9.6 termcolor-2.1.1
```

图 10.4 安装插件 pytest – sugar

卸载插件和安装插件类似，只不过是将 install 换成 uninstall。使用语法：pip uninstall pytest – Name，Name 为插件名。

例如，卸载插件 pytest – sugar，则可使用命令 pip uninstall pytest – sugar 完成，如图 10.5 所示。

```
(base) C:\Users\zhangli>pip uninstall pytest-sugar
Found existing installation: pytest-sugar 0.9.6
Uninstalling pytest-sugar-0.9.6:
  Would remove:
    c:\users\zhangli\miniconda3\lib\site-packages\pytest_sugar-0.9.6.dist-info\*
    c:\users\zhangli\miniconda3\lib\site-packages\pytest_sugar.py
Proceed (Y/n)? y
  Successfully uninstalled pytest-sugar-0.9.6
```

图 10.5 卸载插件 pytest – sugar

10.5.2 查看活动插件

如果想要知道环境中有哪些插件是活动的，可以使用命令 pytest – – trace – config 进行查看，如图 10.6 所示是查看的结果，由于内容较多，这里只截取了部分。

```
PS D:\autotest\配书资源\代码\chapter7\例7.18> pytest --trace-config
PLUGIN registered: <_pytest.config.PytestPluginManager object at 0x0000025ADC978A90>
PLUGIN registered: <_pytest.config.Config object at 0x0000025ADD27E9D0>
PLUGIN registered: <module '_pytest.mark' from 'C:\\Users\\zhangli\\miniconda3\\lib\\site-packages\\_pytest\\mark\\__init__.py'>
PLUGIN registered: <module '_pytest.main' from 'C:\\Users\\zhangli\\miniconda3\\lib\\site-packages\\_pytest\\main.py'>
PLUGIN registered: <module '_pytest.runner' from 'C:\\Users\\zhangli\\miniconda3\\lib\\site-packages\\_pytest\\runner.py'>
PLUGIN registered: <module '_pytest.fixtures' from 'C:\\Users\\zhangli\\miniconda3\\lib\\site-packages\\_pytest\\fixtures.py'>
PLUGIN registered: <module '_pytest.helpconfig' from 'C:\\Users\\zhangli\\miniconda3\\lib\\site-packages\\_pytest\\helpconfig.py'>
PLUGIN registered: <module '_pytest.python' from 'C:\\Users\\zhangli\\miniconda3\\lib\\site-packages\\_pytest\\python.py'>
PLUGIN registered: <module '_pytest.terminal' from 'C:\\Users\\zhangli\\miniconda3\\lib\\site-packages\\_pytest\\terminal.py'>
PLUGIN registered: <module '_pytest.debugging' from 'C:\\Users\\zhangli\\miniconda3\\lib\\site-packages\\_pytest\\debugging.py'>
PLUGIN registered: <module '_pytest.unittest' from 'C:\\Users\\zhangli\\miniconda3\\lib\\site-packages\\_pytest\\unittest.py'>
PLUGIN registered: <module '_pytest.capture' from 'C:\\Users\\zhangli\\miniconda3\\lib\\site-packages\\_pytest\\capture.py'>
PLUGIN registered: <module '_pytest.skipping' from 'C:\\Users\\zhangli\\miniconda3\\lib\\site-packages\\_pytest\\skipping.py'>
PLUGIN registered: <module '_pytest.legacypath' from 'C:\\Users\\zhangli\\miniconda3\\lib\\site-packages\\_pytest\\legacypath.py'>
PLUGIN registered: <module '_pytest.tmpdir' from 'C:\\Users\\zhangli\\miniconda3\\lib\\site-packages\\_pytest\\tmpdir.py'>
PLUGIN registered: <module '_pytest.monkeypatch' from 'C:\\Users\\zhangli\\miniconda3\\lib\\site-packages\\_pytest\\monkeypatch.py'>
PLUGIN registered: <module '_pytest.recwarn' from 'C:\\Users\\zhangli\\miniconda3\\lib\\site-packages\\_pytest\\recwarn.py'>
PLUGIN registered: <module '_pytest.pastebin' from 'C:\\Users\\zhangli\\miniconda3\\lib\\site-packages\\_pytest\\pastebin.py'>
PLUGIN registered: <module '_pytest.nose' from 'C:\\Users\\zhangli\\miniconda3\\lib\\site-packages\\_pytest\\nose.py'>
```

图 10.6　pytest 活动插件

10.6　pytest 生成测试报告

pytest 本身没有生成测试报告的功能，但是 pytest 中有很多插件，可以通过插件来生成测试报告，可以集成 allure 报告平台来展示测试报告。

allure 是一款非常轻量级且灵活的开源测试报告生成框架，支持绝大多数测试框架，如 TestNG、pytest、jUint 等，使用起来比较简单，也可配合持续集成工具 Jenkins 使用。

（1）allure 的安装

首先需要安装 allure pytest adaptor 插件，这是 pytest 的一个插件，通过它可以生成 allure 需要的数据，然后利用这些数据再生成测试报告。因为是 pytest 的插件，所以遵循 pytest 插件安装的规则，在命令行中运行 pip install pytest – allure – adaptor 命令即可完成安装。

安装 allure pytest adaptor 插件后还需要安装 allure。注意，因为 allure 是基于 Java 的一个程序，所以使用时需要 Java1.8 的环境。

进入 allure 网站 https://github.com/allure – framework/allure2/releases 进行下载。例如，下载 allure –2.20.1.zip，如图 10.7 所示。

▼ **Assets** 6		
⑦ allure-2.20.1.tgz	20.3 MB	Nov 8
⑦ allure-2.20.1.zip	20.3 MB	Nov 8
⑦ allure_2.20.1-1.noarch.rpm	20.3 MB	Nov 8
⑦ allure_2.20.1-1_all.deb	20.3 MB	Nov 8
▣ Source code (zip)		Nov 8
▣ Source code (tar.gz)		Nov 8

图 10.7　下载 allure –2.20.1.zip 文件

下载完成后解压,因为运行 allure 的是 bin 目录下的 allure.bat 文件,所以需要对其进行环境变量配置。例如,解压到 D 盘根目录,allure.bat 文件路径为 D:\allure\bin。将其添加到系统环境变量 Path 中。过程如下:

"系统属性"→"高级"→"环境变量",选择"系统变量"→"Path""→"编辑"→"新建",输入 D:\allure\bin,如图 10.8 所示。

图 10.8 allure 环境变量设置

保存环境变量后,打开命令行窗口验证 allure 环境配置是否成功。在命令行中输入 allure,如果出现 allure 的使用说明则表示配置成功,如图 10.9 所示。

```
(base) C:\Windows\system32>allure
Jsage: allure [options] [command] [command options]
 Options:
   --help
     Print commandline help.
  -q, --quiet
     Switch on the quiet mode.
     Default: false
  -v, --verbose
     Switch on the verbose mode.
     Default: false
  --version
     Print commandline version.
     Default: false
 Commands:
   generate       Generate the report
     Usage: generate [options] The directories with allure results
       Options:
         -c, --clean
           Clean Allure report directory before generating a new one.
           Default: false
         --config
           Allure commandline config path. If specified overrides values from
           --profile and --configDirectory.
         --configDirectory
           Allure commandline configurations directory. By default uses
           ALLURE_HOME directory.
         --profile
           Allure commandline configuration profile.
         -o, --report-dir, --output
           The directory to generate Allure report into.
           Default: allure-report
```

图 10.9　在命令行中执行 allure 命令

（2）脚本应用

例 10.17　新建文件 test_allure_report.py，其中使用参数化可以做三次测试。部分代码如下所示：

```
test_data = [(1,False), (2, True), (3, True)]
@pytest.mark.parametrize(' number,Isprime ',test_data)
def test_prime(number,Isprime):
    assert prime(number)== Isprime
```

（3）报告生成

在 PyCharm 中进入 Terminal，切换到 test_allure_report.py 所在文件路径，在运行时使用--alluredir 选项将测试数据保存。例如，保存到当前目录下的 result 文件中则可使用命令：

pytest--alluredir ./result/。执行结果如下所示：

```
collecting ...
    test_allure_report.py           √           √           √
100 % ■■■■■■■■■■
Results (0.05s)：  3 passed
```

命令运行完成后，将运行结果打印在控制台，同时会在当前目录下创建 result 文件夹，里面存放了运行后产生的测试数据 json 格式文件，如图 10.10 所示。

接下来利用上面产生的测试数据使用命令生成 HTML 格式的测试报告。使用命令：

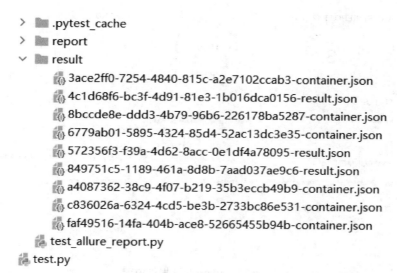

图 10.10　运行命令后产生 json 格式测试数据文件

allure generate ./result/ –o ./report/ ––clean。

allure 命令中的参数说明：

generate：生成测试报告，后面跟测试数据路径。

––clear：也可以写成 –c，清除 allure 报告路径后再生成一个新的报告。

–o：也可以写成––report –dir 或––output，生成报告的路径。

命令执行后会在当前目录下生成一个 report 文件夹，文件夹中的 index.html 即为产生的测试报告，如图 10.11 所示。

图 10.11　allure 测试报告

需要使用命令 allure open report 打开测试报告，结果如图 10.12 所示。

图 10.12　allure 测试报告内容

在测试报告中可以通过左侧菜单查看以其他形式表示的测试结果，例如，通过 Suites 形式查看。

如果在使用 pytest -- alluredir ./result/命令时报错（pytest 没有参数 - alluredir），可通过卸载 pytest - allure - adaptor，然后安装 allure - pytest 的方法来解决。具体执行命令如下：

```
pip uninstall pytest - allure - adaptor
pip install allure - pytest
```

第 11 章

Web UI 自动化测试

11.1 Selenium 基础

11.1.1 Selenium 简介

Selenium 是一个用于 Web 系统自动化测试的工具集,现在所说的 Selenium 通常是指 Selenium Suite,包含 Selenium IDE、Selenium WebDriver 和 Selenium Grid 三部分。

(1) Selenium IDE：Selenium IDE 是一个 Firefox 插件,可以根据用户的基本操作自动录制脚本,然后在浏览器中进行回放。

(2) Selenium WebDriver：WebDriver 的前身是 Selenium RC,其可以直接给浏览器发送命令模拟用户的操作。Selenium RC 为 WebDriver 的核心部分,可以使用编程语言 python、Ruby 和 Perl 的强大功能来创建更复杂的测试。Selenium RC 分为 Client Libraries (编写测试脚本)和 Selenium Server(控制浏览器行为)两部分。

(3) Selenium Grid：Selenium Grid 是一个用于运行在不同的机器、不同的浏览器并行测试的工具,可以加快测试用例的运行速度。

Selenium 经历了三个大版本：Selenium 1.0、Selenium 2.0 和 Selenium 3.0。Selenium 不是由单独一个工具构成,而是由一些插件和类库组成,这些插件和类库有其各自的特点和应用场景。Selenium 1.0 家族关系如图 11.1 所示。

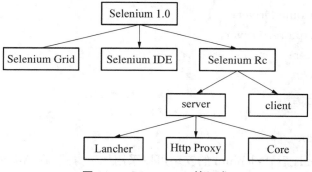

图 11.1　Selenium1.0 的组成

2007 年,WebDriver 诞生。WebDriver 的设计理念是将端到端的测试与底层具体的测试工具隔离,并采用设计模式 Adapter 适配器来达到目标。

2009 年, Selenium RC 和 WebDriver 合并组成了 Selenium 2.0,简称 Selenium WebDriver,其主要特性是将 WebDriver API 集成进 Selenium RC。

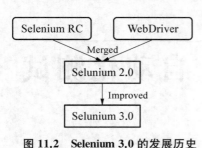

图 11.2　Selenium 3.0 的发展历史

Selenium 3.0 移除了原有 Selenium Core 的实现部分,并且 Selenium RC 的 API 也被去掉,如图 11.2 所示,Selenium WebDriver 指的就是 Selenium 3.0。

Selenium 主要有以下特点:

(1) 开源,免费:基于这点,能够吸引大部分公司使用它作为自动化测试的框架。

(2) 多浏览器支持:可支持 Firefox、Chrome、IE、Opera、Edge、Android 手机浏览器等。

(3) 多平台支持:可支持 Linux、Windows、MAC、Android 等系统。

(4) 多语言支持:可支持 Java、Python、Ruby、C♯、JavaScript 编程语言等。

(5) 对 Web 页面有良好的支持。

(6) 简单、灵活:使用时调用的 API 简单,只需要使用开发语言导入调用即可。

(7) 支持录制、回放与脚本生成:使用 Selenium IDE。

11.1.2　WebDriver 简介

WebDriver 是一个用来进行复杂重复的 Web 自动化测试工具,是 Selenium Tool 套件中最重要的组件。在 Selenium 2.0 中已经将 Selenium 和 WebDriver 进行了合并,作为一个更简单、更简洁且有利于维护的 API 提供给测试人员使用。在软件 UI 自动化中主要使用 WebDriver API 编写测试脚本,用脚本驱动 WebDriver 去控制浏览器,从而实现脚本对浏览器的操作。

WebDriver 主要有以下特点:

(1) 支持多种语言的测试脚本,包括 C♯、Java、Perl、PHP 和 Python 等。

(2) 与它的前身 Selenium RC 相比,WebDriver 执行速度更快,因为它是直接调用 Web 浏览器进行交互,而 RC 需要通过 RC 服务器和浏览器进行交互。

(3) 多浏览器支持:Google Chrome、Internet Explorer、Firefox、Opera 和 Safari 等。

(4) 支持移动端操作系统的应用程序:iOS、Windows Mobile 和 Android。

WebDriver 通过调用浏览器原生的自动化 API 直接驱动浏览器,而驱动不同的浏览器当然也需要不同的 WebDriver 与之对应,常用的 WebDriver 有:

(1) Google Chrome Driver;

(2) Internet Explorer Driver;

(3) Opera Driver;

(4) Safari Driver。

11.1.3　环境搭建

1. 安装 Selenium

安装完 Miniconda 后,Selenium 的安装可以采用如下方式:在 Anaconda Prompt 下使用

命令 pip install selenium,命令及运行结果如图 11.3 所示。

```
(base) C:\Users\zhangli>pip install selenium
Looking in indexes: http://pypi.mirrors.ustc.edu.cn/simple
Collecting selenium
  Downloading https://mirrors.bfsu.edu.cn/pypi/web/packages/00/7b/d511219e116fd4d18b0dd6e32fb5ec7a0
a169165f8132111a7422d5952f5/selenium-4.7.2-py3-none-any.whl (6.3 MB)
                                         6.3 MB 1.7 MB/s
Requirement already satisfied: trio~=0.17 in c:\users\zhangli\miniconda3\lib\site-packages (from se
lenium) (0.21.0)
Requirement already satisfied: certifi>=2021.10.8 in c:\users\zhangli\miniconda3\lib\site-packages
(from selenium) (2021.10.8)
Requirement already satisfied: trio-websocket~=0.9 in c:\users\zhangli\miniconda3\lib\site-packages
 (from selenium) (0.9.2)
Requirement already satisfied: urllib3[socks]~=1.26 in c:\users\zhangli\miniconda3\lib\site-package
s (from selenium) (1.26.8)
Requirement already satisfied: async-generator>=1.9 in c:\users\zhangli\miniconda3\lib\site-package
s (from trio~=0.17->selenium) (1.10)
Requirement already satisfied: idna in c:\users\zhangli\miniconda3\lib\site-packages (from trio~=0.
17->selenium) (3.3)
Requirement already satisfied: sortedcontainers in c:\users\zhangli\miniconda3\lib\site-packages (f
rom trio~=0.17->selenium) (2.4.0)
Requirement already satisfied: outcome in c:\users\zhangli\miniconda3\lib\site-packages (from trio~
=0.17->selenium) (1.2.0)
Requirement already satisfied: sniffio in c:\users\zhangli\miniconda3\lib\site-packages (from trio~
=0.17->selenium) (1.2.0)
Requirement already satisfied: attrs>=19.2.0 in c:\users\zhangli\miniconda3\lib\site-packages (from
 trio~=0.17->selenium) (22.1.0)
Requirement already satisfied: cffi>=1.14 in c:\users\zhangli\miniconda3\lib\site-packages (from tr
io~=0.17->selenium) (1.15.0)
Requirement already satisfied: pycparser in c:\users\zhangli\miniconda3\lib\site-packages (from cff
i>=1.14->trio~=0.17->selenium) (2.21)
Requirement already satisfied: wsproto>=0.14 in c:\users\zhangli\miniconda3\lib\site-packages (from
 trio-websocket~=0.9->selenium) (1.1.0)
Requirement already satisfied: PySocks!=1.5.7,<2.0,>=1.5.6 in c:\users\zhangli\miniconda3\lib\site-
packages (from urllib3[socks]~=1.26->selenium) (1.7.1)
Requirement already satisfied: h11<1,>=0.9.0 in c:\users\zhangli\miniconda3\lib\site-packages (from
 wsproto>=0.14->trio-websocket~=0.9->selenium) (0.13.0)
Installing collected packages: selenium
Successfully installed selenium-4.7.2
```

图 11.3 查看 Selenium 信息

安装成功后,可以使用命令 pip show selenium 进行验证,如果出现 Selenium 相关信息,则说明安装成功,如图 11.4 所示。

```
(base) C:\Users\zhangli>pip show selenium
Name: selenium
Version: 4.7.2
Summary:
Home-page: https://www.selenium.dev
Author:
Author-email:
License: Apache 2.0
Location: c:\users\zhangli\miniconda3\lib\site-packages
Requires: certifi, trio, urllib3, trio-websocket
Required-by: robotframework-seleniumlibrary
```

图 11.4 Selenium 安装

2. 浏览器驱动安装

只有安装了浏览器驱动才能使用 Selenium 发送指令模拟人类行为操作浏览器。其中不同的浏览器需要安装各自的驱动,这里以 Chrome 浏览器为例安装 chromedriver.exe。

(1)查看 Chrome 的版本。

由于安装的 chromedriver.exe 版本需要和 Chrome 浏览器版本匹配,所以需要知道

Chrome 版本。

从 Chrome 浏览器输入 chrome：//version/，可以查看到具体版本，如图 11.5 所示。

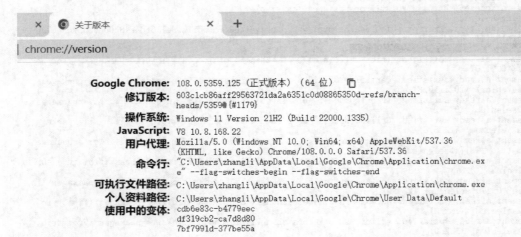

图 11.5　查看 Chrome 版本

（2）下载对应版本的 chromedriver.exe。

进入 chromedriver 下载地址：https：//chromedriver. storage. googleapis. com/index. html，点击进入文件夹，选择与系统一致的 zip 文件进行下载，如图 11.6 所示。

🔒 registry.npmmirror.com/binary.html?path=chromedriver/		
103.0.5060.24/	2023-10-18T05:00:00Z	-
103.0.5060.53/	2023-10-18T05:00:00Z	-
104.0.5112.20/	2023-10-18T05:00:00Z	-
104.0.5112.29/	2023-10-18T05:00:00Z	-
104.0.5112.79/	2023-10-18T05:00:00Z	-
105.0.5195.19/	2023-10-18T05:00:00Z	-
105.0.5195.52/	2023-10-18T05:00:00Z	-
106.0.5249.21/	2023-10-18T05:00:00Z	-
106.0.5249.61/	2023-10-18T05:00:00Z	-
107.0.5304.18/	2023-10-18T05:00:00Z	-
107.0.5304.62/	2023-10-18T05:00:00Z	-
108.0.5359.22/	2023-10-18T05:00:00Z	-
108.0.5359.71/	2023-10-18T05:00:00Z	-
109.0.5414.25/	2023-10-18T05:00:00Z	-
109.0.5414.74/	2023-10-18T05:00:00Z	-
110.0.5481.30/	2023-10-18T05:00:00Z	-
110.0.5481.77/	2023-10-18T05:00:00Z	-
111.0.5563.19/	2023-10-18T05:00:00Z	-
111.0.5563.41/	2023-10-18T05:00:00Z	-
111.0.5563.64/	2023-10-18T05:00:00Z	-
112.0.5615.28/	2023-10-18T05:00:00Z	-
112.0.5615.49/	2023-10-18T05:00:00Z	-
113.0.5672.24/	2023-10-18T05:00:00Z	-
113.0.5672.63/	2023-10-18T05:00:00Z	-
114.0.5735.16/	2023-10-18T05:00:00Z	-
114.0.5735.90/	2023-10-18T05:00:00Z	-
2.0/	2023-10-18T05:00:00Z	-
2.1/	2023-10-18T05:00:00Z	-
2.10/	2023-10-18T05:00:00Z	-
2.11/	2023-10-18T05:00:00Z	-

图 11.6　chromedriver 版本号的选择

例如，如果系统为 win32，则选择文件 chromedriver_win32.zip 进行下载。如果访问失败，可使用镜像地址：https:/npm.taobao.org/mirrors/chromedriver/。选择对应的版本号进入，如图 11.7 所示，与 chrome 版本最接近的版本号为 108.0.5359.71。

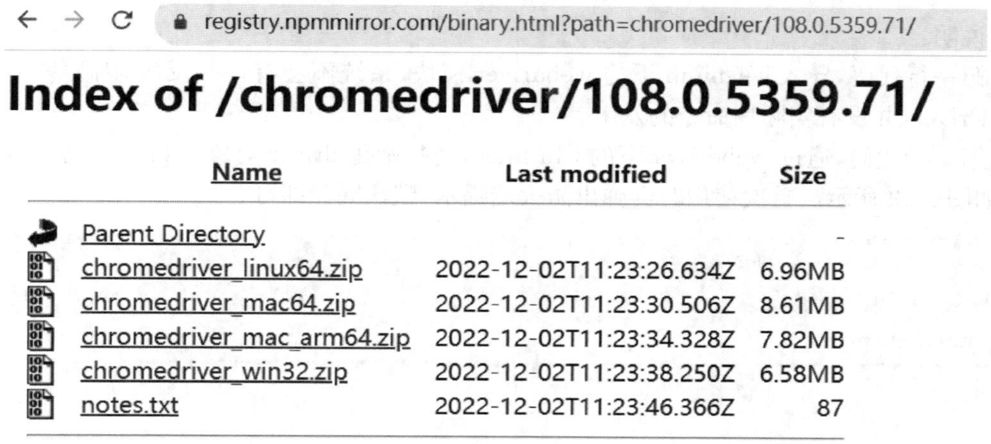
registry.npmmirror.com/binary.html?path=chromedriver/108.0.5359.71/
Index of /chromedriver/108.0.5359.71/
Name
Last modified
Size
Parent Directory
-
chromedriver_linux64.zip
2022-12-02T11:23:26.634Z
6.96MB
chromedriver_mac64.zip
2022-12-02T11:23:30.506Z
8.61MB
chromedriver_mac_arm64.zip
2022-12-02T11:23:34.328Z
7.82MB
chromedriver_win32.zip
2022-12-02T11:23:38.250Z
6.58MB
notes.txt
2022-12-02T11:23:46.366Z
87

图 11.7　chromedriver 下载

（3）环境配置。

下载完成后，将 chromedriver.exe 文件所在路径添加到环境变量 Path 中，或者将 chromedriver.exe 移动到 python 程序所在目录，如图 11.8 所示，使得 chromedriver.exe 和 python.exe 处于同一目录下，这样做的目的是便于 python 在执行时可以找到 chromedriver.exe。

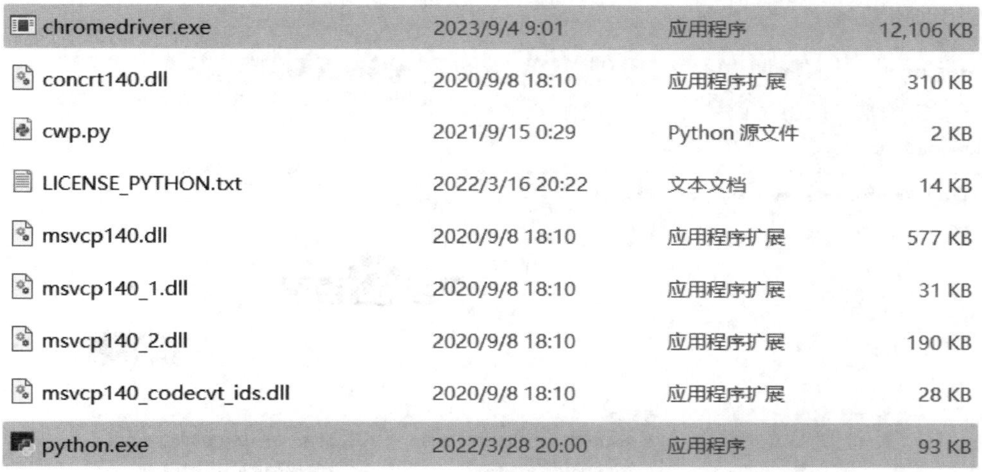
chromedriver.exe
2023/9/4 9:01
应用程序
12,106 KB
concrt140.dll
2020/9/8 18:10
应用程序扩展
310 KB
cwp.py
2021/9/15 0:29
Python 源文件
2 KB
LICENSE_PYTHON.txt
2022/3/16 20:22
文本文档
14 KB
msvcp140.dll
2020/9/8 18:10
应用程序扩展
577 KB
msvcp140_1.dll
2020/9/8 18:10
应用程序扩展
31 KB
msvcp140_2.dll
2020/9/8 18:10
应用程序扩展
190 KB
msvcp140_codecvt_ids.dll
2020/9/8 18:10
应用程序扩展
28 KB
python.exe
2022/3/28 20:00
应用程序
93 KB

图 11.8　chromedriver.exe 与 python.exe 放在同一目录

如果不想配置环境，则在实例化 webdriver.Chrome( )时将 chromedriver.exe 的路径作为参数传入，即 webdriver.Chrome(executable_path ='./driver/chromedriver.exe ')。

（4）使用 Webdriver。

在 Pycharm 中进入 Python Console，输入命令：

```
from selenium import webdriver
driver = webdriver.Chrome()
driver.get(" https://www.baidu.com ")
driver.quit()
```

说明：

第一行代码，导入 selenium 下的 webdriver 模块，系统不会有什么反应，因为只是导入 WebDriver，并没有实际性命令的发出。

第二行代码，通过 webdriver 下的 Chrome()类初始化 driver 对象，Chrome 浏览器会启动，如图 11.9 所示。首次使用时会弹出防火墙提示，默认同意即可。

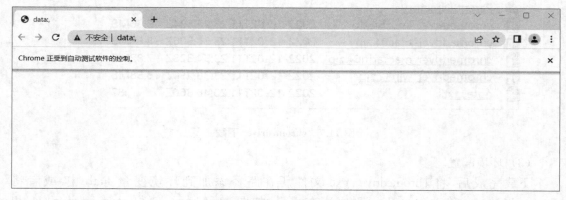

图 11.9 Chrome 浏览器启动

第三行代码，通过 driver 调用 Chrome 类提供的 get()方法，浏览器打开了百度首页，如图 11.10 所示。

图 11.10 打开百度首页

第四行代码，通过 quit()方法关闭浏览器。

如果可以打开浏览器并且访问百度首页，则 chromedriver.exe 与所使用的浏览器版本匹配，说明安装成功。

11.2　从源码中查找元素

在开始学习之前，先来看一个 Web 页面，如图 11.11 所示。

图 11.11　百度首页

这是百度的首页，页面上有输入框、按钮、文字链接、图片等元素。自动化测试要做的就是模拟鼠标和键盘来操作这些元素，如单击、输入、鼠标悬停等。

而操作这些元素的前提是要定位它们。自动化工具无法像测试人员一样可以通过肉眼来分辨页面上的元素定位，那么如何定位这些元素呢？

通过 Chrome 浏览器自带的开发者工具可以看到，页面元素都是由 HTML 代码组成的，它们之间有层级地组织起来，每个元素有不同的标签名和属性值，如图 11.12 所示。WebDr iver 就是根据这些信息来定位元素的。

图 11.12　通过开发者工具查看页面元素

为了方便查看元素在 HTML 中的位置及其属性,可以使用查看元素功能。打开页面后,单击"元素选择器"图标(图 11.13 中框选的图标),将鼠标移动到需要定位的元素之上,鼠标左键确认。确认后在网页源码中会自动选中定位元素的结构。

示例:在 Chrome 浏览器中定位百度首页输入框。"元素选择器"选择输入框后网页源码中部分内容高亮,如图 11.13 所示。

图 11.13   定位百度首页的输入框

由此可知,输入框元素结构为:

< input type =" text " class =" s_ipt " name =" wd " id =" kw " maxlength =" 100 " autocomplete =" off ">

因此可以获得输入框元素的属性,例如,属性 type =" text ", class =" s_ipt ", name =" wd ", id =" kw "等。

11.3   单个元素定位方法

定位元素就是通过在 HTML 代码中查找元素属性,从而确定需要的元素位置,进而对其进行操作。

HTML 有自己的一套标记标签,并且使用这些标记标签来描述网页的内容。浏览器接收到这些标记文本后,按照预定的行为来解析并展示到页面上。HTML 标签的规则如下:

(1) 由尖括弧包围关键字组成,比如:<html>。

(2) 通常都是成对出现,比如<div>和</div>。

(3) 标签有各种属性,比如< div id =" usrbar " alog -group =" userbar " alog -alias =" hunter -userbar -start "> </div>。

(4) 标签对之间有文本数据,比如< li > < a href =" http://wenku.baidu.com/" data - path =" s

earch? ie = utf −8& word ="> 文库 </a> </li>。

（5）标签有层级关系，比如

```
< html >
    < body >
        < div >
        </div >
    </body >
</html >
```

对于上面的标签，如果 div 看作子标签，那么 body 就是它的父标签。

理解上面的特性是学习定位方法的基础。find_element()方法可以查找符合要求的单个元素。在查找元素时，如果定位元素不唯一，即能够查到多个时，默认值返回页面中出现的第一个。因此，在使用 find_element()方法时，需要使用能够正确且唯一定位元素的属性。

对于元素的定位，首先，可以通过元素本身的属性来定位，例如，id、name、class name、tag name 等；其次，可以通过位置去查找，XPath 和 CSS 可以实现通过标签的层级关系来查找元素；最后，可以通过相关元素的属性来找到需要的元素，XPath 和 CSS 同样提供了类似的定位策略查找元素。

理解这些规则后，以百度新闻首页输入框为例，学习使用不同的方法来定位。百度新闻页面输入框元素代码如下所示：

< input class =" word " id =" ww " name =" word " size =" 42 " maxlength =" 100 " tabindex =" 1 " autocomplete =" off ">

11.3.1　id 定位

HTML 规定，id 在 HTML 文档中必须是唯一的，这类似于我国公民的身份证号，具有唯一性。WebDriver 提供的 id 定位方法是通过元素的 id 来查找元素的，使用语法：find_element(By.ID,' id ')。（补充说明：在 selenium4.0 版本后，已经放弃 find_element_by_ * 查找元素，如果在执行代码过程中出现错误：AttributeError：' WebDriver ' object has no attribute ' find_element_by_id '，则需要使用 find_element()方法）

通过 HTML 脚本可知，百度新闻输入框的 id =" ww "。定位元素后，使用断言 assert 确认定位的准确性。输入框有 maxlength 属性，获取定位到的元素的 maxlength 属性值，如果与 HTML 脚本中的 maxlength =" 100 "一致，则定位正确。具体代码如下所示（11.3 节代码全部在文件 11.3 find_element.py 中，需要从 selenium. webdriver. common. by 中导入 By）：

```
# −* −coding:utf −8 −* −
from selenium import webdriver
import time
from selenium.webdriver.common.by import By
driver = webdriver.Chrome()
driver.get(" https://news.baidu.com ")
```

```
time.sleep(1)
maxlength = driver.find_element(By.ID,'ww ').get_attribute('maxlength ') # id 定位输入框
assert maxlength =='100 ' #断言 确定定位准确性
```

执行代码后,可以正确打开百度新闻主页,同时 assert 断言正确,说明定位元素正确。

11.3.2   class 定位

通过元素的 class 属性值获取元素,使用语法:find_element(By.CLASS_NAME,' class ')。通过 HTML 脚本可知,百度新闻主页输入框的 class =" word ",使用 class 属性值定位输入框。定位元素后,同样使用 maxlength 属性判断定位的准确性,代码如下所示:

```
# class 定位输入框
maxlength = 0
maxlength = driver.find_element(By.CLASS_NAME,'wordt ').get_attribute('maxlength ')
assert maxlength =='100 '
```

11.3.3   name 定位

HTML 规定 name 用来指定元素名称,可以通过元素的 name 属性值获取元素。使用语法:find_element(By.NAME,' name ')。

通过 HTML 脚本可知,百度新闻主页输入框的 name =" word ",使用 name 属性值定位搜索框。定位元素后,同样使用 maxlength 属性判断定位的准确性,代码如下所示:

```
# name 定位搜索框
maxlength = 0
maxlength = driver.find_element(By.NAME,'word ').get_attribute('maxlength ')
assert maxlength =='100 '
```

11.3.4   tag 定位

HTML 通过 tag 来定义不同页面的元素。例如,<input>一般用来定义输入框,<a>标签用来定义超链接等。不过,因为一个标签往往用来定义一类功能,所以通过标签识别单个元素的概率很低。例如,打开任意一个页面,查看前端代码时都会发现大量的 < div >、<input>、<a>等标签。

可以通过元素的标签名(tag name)获取元素,使用语法:find_element(By.TAG_NAME, ' name ')。

通过 HTML 脚本可知,百度新闻主页输入框的标签名为" input ",通过查看网页源代码,在这之前没有元素的标签名为 input,因此,可以使用 tag name 属性值定位输入框。定位元素后,同样使用 maxlength 属性判断定位的准确性,代码如下所示:

```
#tag_name 定位输入框
maxlength = 0
maxlength = driver.find_element(By.TAG_NAME,' input ').get_attribute('maxlength ')
assert maxlength =='100 '
```

11.3.5　link 定位

link 定位与前面介绍的几种定位方法有所不同，它专门用来定位文本链接。百度新闻主页上几个链接的代码如下：

```
<li><a href="https://www.baidu.com/" data-path="s? wd=" target="_blank">网页</a></li>
<li style="margin-left:21px;"><span>新闻</span></li>
<li><a href="http://tieba.baidu.com/" data-path="f? kw=" target="_blank">贴吧</a></li>
<li><a href="https://zhidao.baidu.com/" data-path="search? ct=17&amp;pn=0&amp;tn=ikasl-ist&amp;rn=10&amp;lm=0&amp;word=" target="_blank">知道</a></li>
```

查看上面的代码可以发现，可以通过元素标签对之间的文本进行元素定位，例如，使用文本"贴吧"来定位元素，使用方法 find_element(By.LINK_TEXT,' text ')。定位元素后，使用元素的 href 属性判断定位的准确性。获取定位到的元素的 href 属性值，如果与 HTML 脚本中的 href="http://tieba.baidu.com/"一致，则定位正确。代码如下所示：

```
link_href = driver.find_element(By.LINK_TEXT,'贴吧').get_attribute(' href ')
assert link_href == "http://tieba.baidu.com/"
```

11.3.6　partial link 定位

partial link 定位是对 link 定位的一种补充，有些文字链接比较长，这个时候可以取文字链接的部分文字进行定位，只要这部分文字可以唯一地标识这个链接即可。例如，百度新闻首页中有热点新闻的元素如下所示：

```
<a href="https://mp.weixin.qq.com/s/3wUEMU8EryrxdSwKDkFwRw" target="_blank" mon="r=1">事关春节返乡出游、放假开学……春运工作方案来了</a>
```

通过 partial link 定位链接的用法如下。

```
find_element(By.PARTIAL_LINK_TEXT,'事关春节')
find_element(By.PARTIAL_LINK_TEXT,'返乡出游')
find_element(By.PARTIAL_LINK_TEXT,'春运工作方案')
```

find_element_by_partial_link_text()方法是通过元素标签对之间的部分文字定位元素的。定位元素后，也可以使用元素的 href 属性值进行判断是否定位准确，代码如下所示：

```
link_href = driver.find_element(By.PARTIAL_LINK_TEXT,'返乡出游').get_attribute(' href ')
assert link_href == "https://mp.weixin.qq.com/s/3wUEMU8EryrxdSwKDkFwRw"
```

前面介绍的几种定位方法相对来说比较简单，在理想状态下，一个页面当中每个元素都有唯一的 id 值和 name 值，可以通过它们来查找元素。但在实际项目中，有时候一个元素没有 id 值和 name 值，或者页面上有多个元素属性是相同的，又或者 id 值是随机变化的，在这种情况下，如何定位元素呢？

下面介绍 XPath 定位与 CSS 定位，与前面介绍的几种定位方式相比，它们提供了更加灵活的定位策略，可以通过不同的方式定位想要的元素。

11.3.7　XPath 定位

在 XML 文档中，XPath 是一种定位元素的语言。因为 HTML 可以看作 XML 的一种实现，所以 WebDriver 提供了这种在 Web 应用中定位元素的方法。

1. 绝对路径定位

XPath 有多种定位策略，最简单直观的就是写出元素的绝对路径。可以使用开发者工具找到百度新闻主页输入框的绝对路径：打开开发者工具，使用"元素选择器"选择到输入框，网页源码中内容高亮部分为元素对应的源码。然后右键选择"copy"→"copy full xpath"，即可获取输入框的绝对路径为："/html/body/div[2]/div[1]/table/tbody/tr/td[2]/table/tbody/tr/td[1]/div/span[1]/input "，如图 11.14 所示。

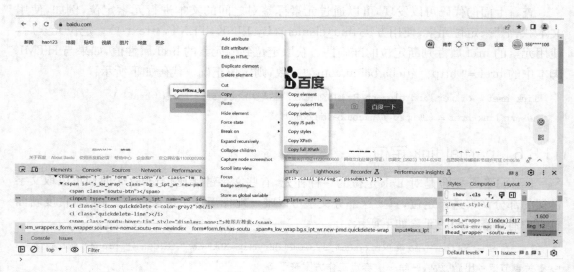

图 11.14　使用开发者工具获取元素的绝对路径

find_element(By.XPATH，' path ')方法是用 XPath 来定位元素的。这里主要用标签名的层级关系来定位元素的绝对路径，以 '/' 开始，最外层为 html，在 body 文本内，逐级查找。如果一个层级下有多个相同的标签名，那么就按上下顺序确定是第几个。例如，div[2]表示当前层级下第二个 div 标签。

定位元素后，也可以使用元素的 maxlength 属性值进行判断是否定位准确，代码如下所示：

```
maxlength = 0
maxlength = driver.find_element(By.XPATH,'/html/body/div[2]/div[1]/table/tbody/tr/td[2]/tab
le/tbody/tr/td[1]/div/span[1]/input ') .get_attribute(' maxlength ')
assert maxlength == " 100 "
```

2. 利用元素属性定位

除使用绝对路径外，XPath 还可以使用相对路径结合元素的属性值来定位。相对路径定位是从页面中可以确定唯一性的一个节点开始定位,以双斜杠"//"开头,例如,"//input[@id =' ww ']",//input 表示当前页面某个 input 标签,[@id =' ww ']表示这个元素的 id 值是' ww '。

使用@特殊符号进行属性匹配定位:@用来选择某节点的属性。语法:"//标签名[@属性=属性值"。例如,"//input[@name =' firstName ']",选择 input 标签中含有属性 name =' firstName '的元素。

定位元素后,也可以使用元素的' maxlength '属性值进行判断是否定位准确,代码如下所示:

```
maxlength = 0
maxlength = driver.find_element(By.XPATH,"//input[@id =' ww ']").get_attribute(' maxlength ')
assert maxlength == "100 "
```

如果不想指定标签名,可以用星号(*)代替。例如,"// * [@name =' firstName ']"。

3. 层级与属性结合

如果一个元素本身没有可以唯一标识这个元素的属性值,那么可以查找其上一级元素。如果它的上一级元素有可以唯一标识属性的值,就可以拿来使用。例如,百度新闻主页上的"帮助"元素,HTML 脚本如下所示:

```
< td class =" help ">
  < a href ="//help.baidu.com ">帮助</a>
</td>
```

在定位时,可以先定为它的上级元素,再使用层级关系进行下级的定位。

Xpath 可以使用"//td[@class =' help ']/a ",首先通过 td[@class =' help ']定位到父元素,后面的"/a"表示父元素下面的标签为' a '的子元素。如果父元素没有可以利用的属性值,那可以继续查找父元素的父元素。定位元素后,也可以使用元素的' href '属性值进行判断是否定位准确,代码如下所示:

```
href = driver.find_element(By.XPATH,"//td[@class =' help ']/a ").get_attribute(' href ')
assert href == " https://help.baidu.com/"
```

可以通过这种方式一级一级向上查找,直到最外层的 <html>标签,即为一个绝对路径的写法。

4. 使用逻辑运算符

如果一个属性不能唯一区分一个元素,那么可以使用逻辑运算符连接多个属性来查找元素,例如:

```
find_element(By.XPATH,"//input[@id =' ww ' and @class =' word ']")
```

5. 使用 contains 方法

contains 方法用于匹配一个属性中包含的字符串。例如,"百度一下"元素对应的 HTML 代码为:

```
< input class =" btn " id =" s_btn_wr " type =" button " value ="百度一下"
onmousedown =" this.className =' btn s_btn_h '" onmouseout =" this.className =' btn '">
```

iput 标签的 id 属性为" s_btn_wr ",可以使用

```
find_element(By.XPATH,"//input[contains(@id,'btn_wr')]")
```

contains 方法只取了 id 属性中的" s_btn_wr "部分。

6. 使用 text()方法

text()方法用于匹配显示文本信息。例如,前面通过 link text 定位的文字链接。

```
find_element(By.XPATH,"//a[text()='贴吧']")
```

当然,contains 和 text 也可以配合使用。

```
find_element(By.XPATH,"//a[contains(text(),'贴吧')]").click()
```

11.3.8 CSS 定位

CSS 是一种语言,用来描述 HTML 和 XML 文档的表现。CSS 使用选择器为页面元素绑定属性。

CSS 选择器可以较为灵活地选择控件的任意属性,一般情况下,CSS 定位速度比 XPath 定位速度快,但对于初学者来说,学习起来稍微有点难度,下面介绍 CSS 选择器的语法与使用。CSS 选择器的常见语法如表 11.1 所示。

表 11.1 CSS 选择器的常见语法用法

选择器	选择器含义	实例	实例说明
*	通配符	*	选择所有的元素
#id	id 选择	#wd	选择 id =" wd "的元素
.class	class 选择	.active	选择 class =" active "的元素
element	标签选择器	input	选择 < input >元素
element1,element2	匹配 < element1 > 和 < element2 >元素	input,p	选择 < input >和 < p >元素
element1 > element2	匹配父元素为 < element1 >的 < element2 >元素	div > input	选择父元素为 < div > 的 < input >元素
element1 + element2	选择与 < element1 >同级并且相邻后面的 < element2 >元素	div + input	选择同一级中紧跟 < div >元素后的 < input >元素
[attribute = value]	选择属性 attribute 的值为 value 的元素	target =_blank	选择属性 target = "_blank "的元素
:first - child	选择第一个子元素	ul:first - child	选择 ul 中的第一个子元素
element:not(s)	匹配< element >元素但元素中没有 s 值	div:not(.active)	选择所有的 div 中没有 class = " active "的元素

下面,同样以百度新闻页面输入框为例介绍 CSS 定位的用法,元素代码如下所示:

```
< span class =" s_ipt_wr " id =" s_ipt_wr ">
    < input class =" word " id =" ww " name =" word " size =" 42 " maxlength =" 100 " tabindex =
" 1 "autocomplete =" off ">
```

```
< div id = " sd_1672385957791 " style = " display: none; background - color: rgb(255, 255,
255);"> </div >
```
</span >

（1）通过 id 定位

```
driver.find_element(By.CSS_SELECTOR,'#ww')
```

find_element(By.CSS_SELECTOR，'#id'))用于在 CSS 中定位元素，#表示通过 id 属性定位。

（2）通过 class 定位

driver.find_element(By.CSS_SELECTOR,'.word')，点号(.)表示通过 class 属性定位。

（3）通过标签名定位

```
driver.find_element(By.CSS_SELECTOR,' input ')
```

在 CSS 中，用标签名定位元素时不需要任何符号标识，直接使用标签名即可。

（4）通过标签层级关系

```
find_element(By.CSS_SELECTOR,' span > input ')
```

这种写法表示有父元素，父元素的标签名为 span。查找 span 中签名为 input 的子元素。

（5）通过属性定位

```
find_element(By.CSS_SELECTOR,"[name=' word ']")
```

在 CSS 中可以使用元素的任意属性定位，只要这些属性可以唯一标识这个元素。对属性值来说，可以加引号，也可以不加，注意和整个字符串的引号进行区分。

（6）组合定位

可以把上面的定位策略组合起来使用，这就大大加强了定位元素的唯一性。

```
find_element(By.CSS_SELECTOR," div # sugarea > span > input.word ")
```

要定位的这个元素标签名为 input，这个元素的 class 属性为 word，并且它有一个父元素，标签名为 span。它的父元素还有父元素，标签名为 div，id 属性为 sugarea。要找的就是必须满足这些条件的一个元素。

（7）更多定位方法

find_element(By.CSS_SELECTOR,"[class * = s_ipt]")，查找 class 属性包含"s_ipt"字符串的元素。

find_element(By.CSS_SELECTOR,"[class^= bg]")，查找 class 属性以"bg"字符串开头的元素。

find_element(By.CSS_SELECTOR,"[class $ = wrap]")，查找 class 属性以"wrap"字符串结尾的元素。

find_element(By.CSS_SELECTOR," tr > td:nth - child(2)")，查找 tr 标签下面第 2 个 td 标签的元素。

CSS 选择器的更多用法可以查看 W3CSchool 网站中的 CSS 选择器参考手册（http://www.w3school.com.cn/cssref/css_selectors.asp）。

通过前面的学习了解到,XPath 和 CSS 都提供了非常强大而灵活的定位方法。相比较而言,CSS 语法更加简洁,但理解和使用的难度要大一些。

11.3.9　确认元素的唯一性

在元素定位中定位一个元素,需要确认定位的元素是唯一的。例如,通过 tag 定位 find_element(By.TAGNAME,' div '),HTML 中有多个 tag name 是 div,这就可能造成获取到的元素不是预期的元素,因而需要确保定位元素的唯一性。

（1）通过在源码中检索确认

开启查看元素,在源码中检索。打开检索快捷键:Ctrl ＋ F（Windows 系统）/Command＋ F（Mac 系统）。

输入要查找的元素属性,例如,查找 span 标签中 class =" s_ipt_wr "的元素,则在检索框中输入:span.s_ipt_wr。

如图 11.15 所示,查找的元素在源码中会高亮显示。检索框后面显示检索出符合条件的数量。但是检索出结果的数量可能会包括 CSS、JavaScript 中的内容,可以通过检索框数量后面的上下键查看所有符合条件的元素。如果剔除 CSS、JavaScript 中的记录后数量为1,则基本可以确定定位的元素就是需要的元素。

图 11.15　通过检索查找元素

（2）通过控制台确认

通过控制台确认元素的唯一性,主要是使用 JavaScript 中定位元素的方法。开启查看元素,进入控制台（Console）,在控制台中输入定位的元素属性,通过查看返回值确认元素的唯一性。语法和 WebDriver API 中定位元素语法类似。例如,确认 class =" s_ipt "的元素在页面是否唯一,则输入 document.getElementByClassName(" s_ipt ")。

如图 11.16 所示,只返回了一条数据,且是所要定位的元素,则可以确认选择的定位属性元素在页面中唯一。

图 11.16　通过控制台查找元素

属性在控制台中确认元素的语法：

（1）id 属性确认：document.getElementByld( )；

（2）class 属性确认：document.getElementsByClassName( )；

（3）name 属性确认 document.getElementsByName( )；

（4）tag 属性确认：document.getElementsByTagName( )；

（5）xPath 确认：document.getSelection( )；

（6）CSS 确认：document.querySelector( )。

11.4　定位元素

WebDriver 还提供了 8 种用于定位一组元素的方法，分别是：

（1）find_elements(By.ID,' id ')；

（2）find_elements(By.NAME,' name ')；

（3）find_elements(By.CLASS_NAME,' class_name ')；

（4）find_elements(By.TAG_NAME,' tag_class_name ')；

（5）find_elements(By.LINK_TEXT,' link_text ')；

（6）find_elements(By.PARTIAL_LINK_TEXT,' partial_link_text ')；

（7）find_elements(By.XPATH,' partial_link_text ')；

（8）find_elements(By.CSS_SELECTOR,' css ')。

定位一组元素的方法与定位单个元素的方法比较像，唯一的区别是使用"find_elements"方法。

新建文件 11.4 find_elements.py，将百度主页上的百度热搜定位出来，并打印出文本。通过定位所有的百度热搜元素，发现它们的 class 属性值都是" title - content - title "，因此使用 class 来进行定位多个元素。代码如下所示：

```
# -*-coding:utf-8-*-
from selenium import webdriver
import time
from selenium.webdriver.common.by import By
driver = webdriver.Chrome()
driver.get("https://www.baidu.com")
time.sleep(1)
# 得到所有的百度热搜元素
hotsearchs = driver.find_elements(By.CLASS_NAME,'title-content-title')
# 打印出所有热搜元素的文本
for hot in hotsearchs:
    print(hot.text)
driver.quit()
```

代码运行后的结果为：

2023 年全国两会召开时间公布

各部门积极服务旅客出行

自信从容中国航天人

11.5 浏览器的操作

WebDriver 主要提供操作页面上各种元素的方法，同时，它还提供了操作浏览器的一些方法，如控制浏览器窗口大小、操作浏览器前进或后退等。

1. 控制浏览器窗口大小

有时候希望浏览器能在某种尺寸下运行。例如，可以将 Web 浏览器窗口设置成移动端大小(480×800)，然后访问移动站点。WebDriver 提供的 set_window_size()方法可以用来设置浏览器窗口大小。新建文件 11.5 control_brower.py(11.5 节代码均在这个文件中，下面不再提及)，代码如下所示：

```
# -*-coding:utf-8-*-
from selenium import webdriver
import time
driver = webdriver.Chrome()
driver.get("http://m.baidu.com")
print("设置浏览器宽 480,高 800 显示") # 参数数字为像素
driver.set_window_size(480,800)
time.sleep(1)
driver.quit()
```

更多情况下，希望 Web 浏览器在全屏幕模式下运行，以便显示更多的元素，可以使用 maximize_window()方法实现，该方法不需要参数。

2. 浏览器的前进和后退

在使用 Web 浏览器浏览网页时,浏览器提供了后退和前进按钮,可以方便地在浏览过的网页之间切换,WebDriver 还提供了对应的 back() 和 forward() 方法来模拟后退和前进按钮。下面通过例子演示这两个方法的使用,首先访问百度首页,并且搜索"selenium",然后操作浏览器返回百度首页,接着操作浏览器使得页面前进到搜索结果页面,代码如下所示:

```
driver = webdriver.Chrome()
driver.get(" https://www.baidu.com ")
# 定位页面上的输入框,输入 selenium
driver.find_element(By.ID,' kw ').send_keys(' selenium ')
time.sleep(2)
# 定位页面上的百度一下按钮,定位后单击
driver.find_element(By.ID,' su ').click()
time.sleep(2)
# 回退到百度首页
driver.back()
time.sleep(2)
# 前进到搜索页面
driver.forward()
```

3. 模拟浏览器刷新

有时候需要手动刷新(按"F5"键)Web 页面,可以通过 refresh() 方法实现。

```
driver.refresh()  # 刷新当前页面
```

4. 关闭浏览器当前窗口

可以通过 driver.close() 关闭浏览器的当前窗口,使用方法:driver.close()。如果浏览器只打开了一个窗口,使用 driver.close() 则关闭浏览器;如果浏览器打开了多个窗口,使用 driver.close() 则关闭当前聚焦的窗口,不会影响其他窗口。

示例:打开浏览器,使用 driver.close() 关闭浏览器,部分代码如下:

```
driver = webdriver.Chrome()
driver.get(" https://www.baidu.com ")
time.sleep(3)
# 定位页面上的新闻链接,单击后进入新闻页面
driver.find_element(By.LINK_TEXT,'新闻').click()
time.sleep(3)
driver.close()  # 只关闭百度新闻的页面
```

5. 结束进程

可以通过 quit() 关闭浏览器并且结束进程。如果浏览器有多个窗口,使用 quit() 可以关闭所有的窗口并且退出浏览器。

代码如下:

```
driver = webdriver.Chrome()
driver.get(" https://www.baidu.com ")
time.sleep(3)
#定位页面上的新闻,单击后进入新闻页面
driver.find_element(By.LINK_TEXT,'新闻').click()
time.sleep(3)
driver.quit()  #关闭所有页面
```

6. 获取页面 title

可以通过 title 获取 HTML 脚本 head 中的 title 值。

示例:获取百度首页的 title 为"百度一下"。

```
driver = webdriver.Chrome()
driver.get(" https://www.baidu.com ")
time.sleep(3)
print(driver.title)
```

7. 切换浏览器窗口

通过 switch_to.window(handle)切换浏览器窗口,在窗口切换中需要知道切换到某一个具体窗口。确定具体窗口可以使用窗口句柄进行定位,经常使用的获取窗口句柄的 3 种方法如下:

（1）current_window_handle:获得当前窗口句柄。

（2）window_handles:返回所有窗口的句柄到当前会话。

（3）switch_to.window()：切换到对应窗口

示例:打开百度首页,打印页面的 URL,然后单击页面的新闻链接,进入百度新闻,浏览器切换到第二个窗口,打印页面的 URL,代码如下所示:

```
driver = webdriver.Chrome()
driver.get(" https://www.baidu.com ")
time.sleep(2)
print(driver.current_url)
current_handle = driver.current_window_handle  #获取当前页面的 handle
#定位页面上的新闻,单击后进入新闻页面
driver.find_element(By.LINK_TEXT,'新闻').click()  #进入百度新闻页面
time.sleep(2)
print(driver.current_url)  #打印当前页面的 URL,可以确认 driver 还停留在第一个页面
#获得所有窗口句柄
handles = driver.window_handles
#切换到第二个页面
for handle in handles:
    if handle! = current_handle:
        driver.switch_to.window(handle)
print(driver.current_url)
time.sleep(1)
```

```
driver.quit()
```

代码运行结果如下所示：

```
https://www.baidu.com /
https://www.baidu.com /
https://news.baidu.com /
```

从运行结果可以看出，在执行 driver.switch_to.window() 后，driver 才切换到新打开的页面。

11.6　WebDriver 中常用的方法

前面学习定位元素的方法，但定位只是第一步，定位之后还需要对这个元素进行操作，例如，单击（按钮）或输入（输入框）。下面就来认识 WebDriver 中常用的几个方法。

（1）send_keys(value)：模拟按键输入；

（2）clear()：清除对象内容，通常用于清除输入框的默认值；

（3）click()：单击对象，多用于按钮、链接等元素的单击事件，模拟鼠标左键操作；

示例：在百度首页输入框中输入"selenium"，然后清空输入的内容，再输入"python"后，单击百度一下按钮。

代码如下所示：

```
driver = webdriver.Chrome()
driver.get(" https://www.baidu.com ")
driver.find_element(By.ID,' kw ').send_keys(' selenium ') ＃定位输入框，输入 selenium
time.sleep(2)
driver.find_element(By.ID,' kw ').clear() ＃定位输入框，清除内容
time.sleep(2)
driver.find_element(By.ID,' kw ').send_keys(' python ')＃定位输入框，输入 python
time.sleep(2)
driver.find_element(By.ID,' su ').click()＃定位百度一下按钮，单击
time.sleep(2)
driver.close()
```

（4）submit 提交表单；

有些搜索框不提供搜索按钮，而是通过按键盘上的回车键完成搜索内容的提交，这时可以通过 submit() 模拟。

示例：在百度首页输入框中输入"selenium"，然后使用 submit() 方法模拟键盘敲击回车键。

```
driver = webdriver.Chrome()
driver.get (" https://www.baidu.com ")
search_text = driver.find_element(By.ID,' kw ')
search_text.send_keys (' selenium ') ＃模拟键盘敲击回车键
search_text.submit()
```

```
time.sleep(2)
driver.close()
```

有时候 submit()可以与 click()互换使用,但 submit()的应用范围远不及 click()广泛。click()可以单击任何可单击的元素,例如,按钮、复选框、单选框、下拉框文字链接和图片链接等。

(5) size:返回元素的尺寸;

(6) text:获取元素的文本,一般指元素在页面显示的文本内容;

(7) get_attribute(name):获得元素属性值,如 href、name、type 的值;

(8) is_displayed():判断元素的显示状态,这是一个布尔类型的函数,如果显示则返回 True,反之返回 False。

示例:打开百度首页,定位输入框元素,输出元素的尺寸,' name '属性值以及是否可见。定位页面右上角的"设置"链接,输出 text 值,代码如下所示:

```
driver = webdriver.Chrome()
driver.get ( " http://www.baidu.com ")
#获得输入框的尺寸
size = driver.find_element(By.ID,' kw ').size
print(size)
#返回元素的属性值,可以是 id、name、type 等
name_value = driver.find_element(By.ID,' kw ').get_attribute(' name ')
print(name_value)
#返回元素的结果是否可见
display = driver.find_element(By.ID,' kw ').is_displayed()
print(display)
#定位百度首页右上角的"设置"链接,输出 text 值
text = driver.find_element(By.ID,' s - usersetting - top ').text
print(text)
driver.close()
```

代码运行结果如下所示:

```
{ ' height ': 44, ' width ': 550}
wd
True
设置
```

执行上面的程序并查看结果:size 方法用于获取百度输入框的宽、高;get_attribute()方法用于获得百度输入框的 name 属性的值;is_displayed()方法用于返回百度输入框是否可见,如果可见,则返回 True,否则返回 False,text 方法用于获得"设置"链接的文本信息。

11.7 键盘操作

这里的键盘操作是指模拟用户使用键盘进行操作,在 Selenium 中是通过 send_keys()方法直接发送键值进行操作。

send_keys()方法可以用来模拟键盘输入,可以用它来输入键盘上的按键,甚至是组合键,如 Ctrl＋a,Ctrl＋c 等。

在实现键盘模拟操作时,需要导入 Keys 类

```
from selenium.webdriver.common.keys import Keys
```

示例:打开百度首页后,在输入框输入" seleniumm ",然后删除多余的" m ",输入空格键和"教程",再将输入框中的内容权限后执行剪切和粘贴的操作,最后模拟敲击 Enter 键,代码如下:

```
# - * - coding:utf - 8 - * -
from selenium import webdriver
from selenium.webdriver.common.by import By
import time
from selenium.webdriver.common.keys import Keys
driver = webdriver.Chrome()
driver.get(" http://www.baidu.com ")
# 在输入框输入内容
driver.find_element(By.ID," kw ").send_keys(" seleniumm ")
time.sleep(1)
# 删除多输入的一个 m
driver.find_element(By.ID," kw ").send_keys(Keys.BACK_SPACE)
time.sleep(1)
# 输入空格键+"教程"
driver.find_element(By.ID," kw ").send_keys(Keys.SPACE)
driver.find_element(By.ID," kw ").send_keys("教程")
time.sleep(1)
# 输入组合键 ctrl + a,全选输入框内容
driver.find_element(By.ID," kw ").send_keys(Keys.CONTROL,' a ')
time.sleep(1)
# 输入组合键 Ctrl + x,剪切输入框内容
driver.find_element(By.ID," kw ").send_keys(Keys.CONTROL, ' x ')
time.sleep(1)
# 输入组合键 Ctrl + v,粘贴内容到输入框
driver.find_element(By.ID," kw ").send_keys(Keys.CONTROL, ' v ')
time.sleep(1)
# 用回车键代替单击操作
driver.find_element(By.ID," su ").send_keys (Keys.ENTER)
time.sleep(1)
driver.quit()
```

上面的脚本没有什么实际意义,仅展示模拟键盘各种按键和组合键的用法。

以下为常用的键盘操作。

（1）send_keys(Keys.BACK_SPACE):删除键（BackSpace）。

（2）send_keys(Keys.SPACE):空格键（Space）。

(3) send_keys(Keys.TAB)：制表键(Tab)。

(4) send_keys(Keys.ESCAPE)：回退键(Esc)。

(5) send_keys(Keys.ENTER)：回车键(Enter)。

(6) send_keys(Keys.CONTROL,'a')：全选(Ctrl+a)。

(7) send_keys(Keys.CONTROL,'c')：复制(Ctrl+c)。

(8) send_keys(Keys.CONTROL,'x')：剪切(Ctrl+x)。

(9) send_keys(Keys.CONTROL,'v')：粘贴(Ctrl+v)。

(10) send_keys(Keys.F5)：刷新键 F5。

(11) send_keys(Keys.DELETE)：删除键 Delete。

11.8　鼠标操作

11.8.1　鼠标常用方法

在 WebDriver 中，与鼠标操作相关的方法都封装在 ActionChains 类中。

ActionChains 类提供了鼠标操作的常用方法：

perform()：执行 ActionChains 类中存储的所有行为。

context_click(element)：模拟鼠标右键单击。

double_click(element)：模拟鼠标左键双击。

drag_and_drop(source,target)：模拟鼠标拖动事件，将某个元素从一个位置拖动到另一个位置。

move_to_element(element)：将鼠标悬停在某个具体元素上。

百度首页上，鼠标悬停到右上角"设置"菜单，如图 11.17 所示。

图 11.17　百度中的"设置"悬停菜单

示例：访问百度首页，移动鼠标悬停在"设置"上，弹出"设置"下的二级菜单。代码如下所示：

```
# -*-coding:utf-8-*-
from selenium import webdriver
from selenium.webdriver.common.by import By
import time
from selenium.webdriver.common.action_chains import ActionChains
```

```
driver = webdriver.Chrome()
driver.get(' https://baidu.com ')
driver.maximize_window()
time.sleep(3)
element = driver.find_element(By.ID," s - usersetting - top ")
# 将鼠标悬停在元素上
ActionChains(driver).move_to_element(element).perform()
time.sleep(2)
driver.quit()
```

代码中的 ActionChains(driver)是调用 ActionChains 类,把浏览器驱动 driver 作为参数传入。move_to_element()方法用于模拟鼠标移动到元素上,在调用时需要指定已经定位的元素。perform()提交所有 ActionChains 类中存储的行为。

11.8.2　鼠标其他事件

(1) 单击鼠标左键不放;

语法:click_and_hold(element)

使用:ActionChains(driver).click_and_hold(element).perform( )

(2) 鼠标移动到元素具体位置处;

语法:move_to_element_with_offset(element,xoffset,yoffset)

使用:ActionChains(driver).move_to_element_with_offset(element,20,10).perform()

将鼠标移动到 element 中 x = 20,y = 10 的位置。

以元素 element 的左上处为原点 x = 0,y = 0,向右为 x 轴的正坐标,向下为 y 轴的正坐标。

(3) 释放鼠标。

语法:release(element)

使用:ActionChains(driver).release(element)。

11.9　多表单切换

在 Web 应用中经常会遇到 frame/iframe 表单嵌套页面的应用,WebDriver 只能在一个页面上对元素进行识别和定位,无法直接定位 frame/iframe 表单内嵌页面上的元素,这时就需要通过 switch_to.frame()方法将当前定位的主体切换为 frame/iframe 表单的内嵌页面。

这里以邮箱登录为例,登录框结构如下。

```
<html>
    <body>
        <iframe id = ' x - URS - iframe1673230907824.6455 '...>
            <html>
                ...
                <body>
                    <input name = " email "...>
```

```
                        < input name =" password "…>
                            …
                        </body >
            </iframe >
            …
            </body >
</html >
```

示例,打开邮箱主页后,使用 switch_to.frame()方法切换表单,再定位到用户名和密码输入框,分别输入"username"和"password"。代码如下所示:

```
# -*-coding:utf-8-*-
from selenium import webdriver
from selenium.webdriver.common.by import By
import time
driver = webdriver.Chrome()
driver.get(" https://mail.163.com")
driver.maximize_window()
login_frame = driver.find_element(By.CSS_SELECTOR," iframe[id=' x-URS-iframe ']")
time.sleep(2)
driver.switch_to.frame(login_frame)
time.sleep(2)
driver.find_element(By.NAME,' email ').send_keys(' username ')
driver.find_element(By.NAME,' password ').send_keys(' password ')
time.sleep(3)
driver.switch_to.default_content()
driver.quit()
```

switch_to.frame()默认可以直接对表单的 id 属性或 name 属性传参,因而可以定位元素的对象。在这个例子中,表单的 id 属性后半部分的数字(1673230907824.6455)是随机变化的,在 CSS 定位方法中,可以通过"^="匹配 id 属性为以"x -URS -iframe"开头的元素。

最后,通过 switch_to.default_content()回到最外层的页面。

11.10 弹窗的处理

在 WebDriver 中处理 JavaScript 生成的 alert、confirm 和 prompt 十分简单,具体做法是:首先使用 switch_to.alert()方法切换到弹窗,然后使用 text、accept、dismiss、send_keys 等进行操作。

text:返回 alert、confirm、prompt 中的文字信息。

accept():点击弹窗的确定按钮。

dismiss():点击弹窗上的取消按钮。

send_keys():在弹窗中输入文本(如果可以输入的话)。

可以使用 switch_to.alert()方法处理百度页面上搜索设置后的弹窗,如图 11.18 所示。

图 11.18　百度搜索设置后的弹窗

　　示例,打开百度页面后,鼠标悬停到设置,点击搜索设置后,再点击保存设置,使用 switch_to.alert 方法切换到弹窗后,使用 text 方法获取弹窗上的文字信息并输出,使用 accept()方法模拟点击确定按钮,代码如下所示:

```python
from selenium import webdriver
from selenium.webdriver.common.by import By
import time
# 导入 ActionChains 类
from selenium.webdriver.common.action_chains import ActionChains
driver = webdriver.Chrome()
driver.get(" https://www.baidu.com ")
driver.maximize_window()
# 定位到"设置"元素
element = driver.find_element(By.ID," s - usersetting - top ")
# 将鼠标悬停在元素上
ActionChains(driver).move_to_element(element).perform()
time.sleep(2)
# 定位搜索设置后,鼠标单击
driver.find_element(By.XPATH,'// * [@id =" s - user - setting - menu "]/div/a[1]').click()
time.sleep(2)
# 定位保存设置后,鼠标单击
driver.find_element(By.XPATH,'// * [@id =" se - setting - 7 "]/a[2]').click()
time.sleep(1)
# 切换到弹框
alert = driver.switch_to.alert
text = alert.text
print(text)
# 点击弹窗上的确定按钮
alert.accept()
time.sleep(2)
driver.quit()
```

代码执行后输出:"已经记录下您的使用偏好"。

11.11　文件上传

上传文件是比较常见的 Web 功能之一,但 WebDriver 并没有提供专门用于上传的方法,实现文件上传的关键在于思路。

在 Web 页面中,文件上传操作一般需要单击"上传"按钮后打开本地 Windows 窗口,从窗口中选择本地文件进行上传。因为 WebDriver 无法操作 Windows 控件,所以对于初学者来说,一般思路会卡在如何识别 Windows 控件这个问题上。

在 Web 页面中一般通过以下两种方式实现文件上传。

(1) 普通上传:对于在 HTML 页面中使用 input 标签写的上传文件,可以直接使用 Selenium 提供的 send_keys()方法上传。

(2) 工具上传:对于使用非 input 标签写的上传文件就需要借助工具进行上传。

11.11.1　普通上传

对于通过 input 标签实现的上传功能,可以将其看作一个输入框,即通过 send_keys() 指定本地文件路径的方式实现文件上传。

示例,打开百度主页后,点击输入框右边的"按图片搜索",再点击选择文件,选择本地文件"bird.jpg",操作过程如图 11.19 所示。

图 11.19　百度按图片搜索上传文件过程

代码如下所示:

```
# -*-coding:utf-8-*-
from selenium import webdriver
from selenium.webdriver.common.by import By
import time
```

```
driver = webdriver.Chrome()
driver.get(' https://www.baidu.com ')
driver.maximize_window()
#点击按图片搜索按钮
driver.find_element(By.CLASS_NAME,' soutu - btn ').click()
time.sleep(2)
#选择文件并上传
driver.find_element(By.CLASS_NAME,' upload - pic ').send_keys(' D:/autotest/bird.jpg ')
time.sleep(8)
driver.quit()
```

执行代码后,D:\autotest\bird.jpg 文件可以上传成功。

通过 send_keys()方法可以实现 input 标签的上传文件过程,避免了操作 Windows 控件。如果能找到上传的 input 标签,那么基本可以通过 send_keys()方法输入一个本地文件路径实现上传。

11.11.2　工具上传

文件上传除了 input 标签类型外还可以通过其他方式实现文件上传,如单击按钮触发文件上传。对于非 input 标签上传,文件可以借助 Autolt 工具进行上传。

1. AutoIt 的使用

Autolt 工具主要用来操作 Windows 上的窗口。Autolt 官方地址:https://www.autoitscript.com/site。

Autolt 工具的下载地址:https://www.autoitscript.com/site/autoit/downloads/。

Autolt 工具安装非常简单,进入下载地址下载工具 Autolt,如图 11.20 所示。然后解压全部默认安装即可,安装成功后出现如图 11.20 所示的应用。

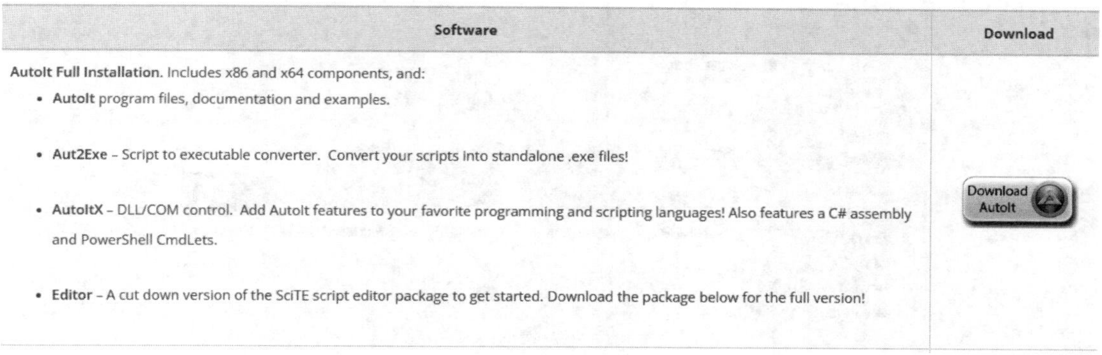

Software	Download
Autolt Full Installation. Includes x86 and x64 components, and: • **Autolt** program files, documentation and examples. • **Aut2Exe** – Script to executable converter. Convert your scripts into standalone .exe files! • **AutoItX** – DLL/COM control. Add Autolt features to your favorite programming and scripting languages! Also features a C# assembly and PowerShell CmdLets. • **Editor** – A cut down version of the SciTE script editor package to get started. Download the package below for the full version!	Download Autolt

图 11.20　AutoIt 工具下载页面

在文件上传中主要会用到如下功能:

AutoIt Windows Info:用于定位元素,识别并获取 Windows 上的控件信息。

SciTE Script Editor:用于编辑脚本,将获取的元素写成 AutoIt 执行脚本。

Compile Script to.exe:用于将编写好的脚本转换成可执行(.exe)文件。

Run Script：用于执行 AutoIt 脚本。

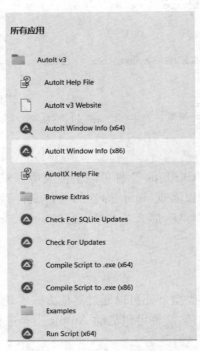

图 11.21　AutoIt 安装成功后应用

2. 用 AutoIt 实现上传文件弹出窗口的操作，生成.exe 文件

（1）打开百度主页，选择按照图片搜索，点击选择文件；

使用 AutoIt 实现文件上传到百度主页的按照图片搜索，操作过程见 11.11.1 小节，在点击选择文件后，弹出选择文件对话框，如图 11.22 所示。

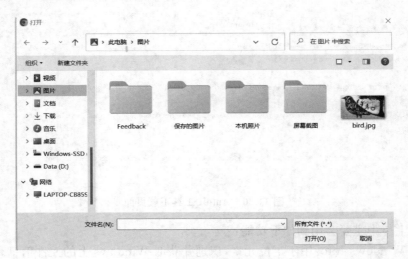

图 11.22　选择文件对话框

（2）定位相关控件信息；

打开 AutoIt Windows Info，鼠标拖动工具上的"Finder Tool"图标至需要识别的控件上，控件的标识信息会显示在工具的下方。识别"文件名"输入框控件，如图 11.23 所示。

图 11.23　获取"文件名"输入框信息

从图中可以看出，获取"文件名"输入框如下信息：

Windows 的基本信息：Title = "打开"，class = "♯32720"。

控件的基本信息：class = "Edit"，Instance = 1。

然后，识别"打开"按钮信息，如图 11.24 所示。

图 11.24　获取"打开"按钮信息

从图中可以看出，获取"打开"按钮如下信息：

Windows 的基本信息：Title = "打开"，class = "♯32720"。

控件的基本信息：class = "button"，Instance = 1。

（3）打开 SciTE Script Editor 编辑器，编写脚本；

获取到需要元素的属性后就可以在 SciTE Script Editor 工具中编辑上传脚本。SciTE ScriptEditor 中常用的方法如下：

① ControlFocus（"窗口标题"，"窗口文本"，控件 ID）：获得输入焦点并指定到窗口的某个具体控件上。

② WinWait（"窗口标题"，"窗口文本"，超时时间）：添加等待时间直至指定窗口出现。

③ ControlSetText（"窗口标题"，"窗口文本"，控件 ID，"新文本"）：指定控件中输入"新文本"的内容。

④ Sleep（延迟）：时间等待。

⑤ ControlClick（"窗口标题"，"窗口文本"，控件 ID，按钮，单击次数）：鼠标单击。控件 ID 是指 Windows 基本信息中的 class 与 instance 之和，例如，class ="Button"，instance = 1，则控件 ID 为 Button1。

在 SciTE Script Editor 编辑器内编写文件如下所示：

```
ControlFocus("打开",""," Edit1 ")
WinWait("[CLASS:♯32770]","",10)
ControlSetText("打开",""," Edit1 "," D:\autotest\bird.jpg ")
Sleep(2000)
ControlClick("打开",""," Button1 ")
```

将脚本保存为 1.au3。

（4）打开 Compile Script to.exe 工具，将 1.au3 生成为 exe 可执行文件，如图 11.25 所示；

图 11.25　将 1.au3 文件转为可执行文件

（5）通过自动化测试脚本调用 1.exe 程序实现上传。

代码如下所示：

```
# - * -coding:utf - 8 - * -
from selenium import webdriver
from selenium.webdriver.common.by import By
import time,os
from selenium.webdriver.common.action_chains import ActionChains
driver = webdriver.Chrome()
driver.get(' https://www.baidu.com ')
driver.maximize_window()
time.sleep(2)
driver.find_element(By.CLASS_NAME,' soutu - btn ').click()
time.sleep(2)
element = driver.find_element(By.CLASS_NAME,value =' upload - pic ')
ActionChains(driver).click(element).perform()
time.sleep(2)
#进行文件上传
os.system(r ' D:\\autotest\\配书资源\\代码\chapter8\\1.exe ')
time.sleep(8)
driver.quit()
```

11.12　文件下载

　　WebDriver 允许设置默认的文件下载路径，也就是说，文件会自动下载并且存放到设置的目录中，不同的浏览器设置方式不同。在 Chrome 文件下载中可通过设置 download.default_directory 字段的值改变文件的下载路径。

　　（1）download.default_directory：设置下载路径。

　　（2）download.prompt_for_download：设置为 False 则在下载时不需要提示。

　　示例：打开 selenium 下载主页，定位下载文件链接，点击文件下载，保存到设置的下载路径，如图 11.26 所示。

　　代码如下所示：

```
# - * -coding:utf - 8 - * -
from selenium import webdriver
import time
from selenium.webdriver.common.by import  By
chrome_options = webdriver.ChromeOptions()
prefs = {
    " download.prompt_for_download ": False, # 弹窗
    " download.default_directory ": " D:\\autotest "}
chrome_options.add_experimental_option(" prefs ", prefs)
driver = webdriver.Chrome(chrome_options = chrome_options)
#打开 selenium 主页
```

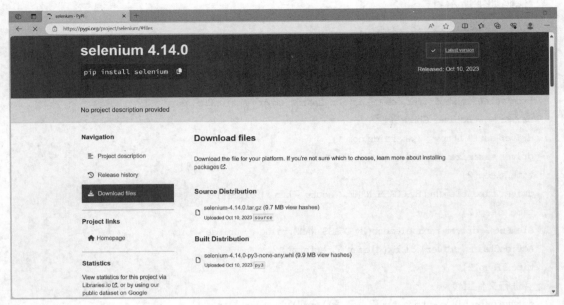

图 11.26　打开 selenium 下载页面点击文件下载

```
driver.get(' https://pypi.org/project/selenium/#files ')
time.sleep(5)
#定位下载文件链接,点击下载
driver.find_element(By.XPATH,"//*[@id='files']/div[1]/div[2]/a[1]").click()
time.sleep(10)
```

执行代码后,selenium -4.7.2.tar.gz 下载到本地 D:\autotest 目录下。

11.13　时间等待

在网页操作中,可能会因为带宽、浏览器渲染速度、机器性能等原因造成页面加载缓慢,以致某些元素还没有完全加载完就进行下一步操作,导致程序抛出异常"未找到定位元素"。此时,可以添加等待时间,等待页面加载完成。

11.13.1　强制等待

强制等待是指设置一个固定的线程休眠时间,可以使用 sleep(time)方法来设置。sleep()方法是 python time 模块提供的一种非智能等待,如果设置等待时间为 5 秒,则程序执行过程中就会等待 5 秒时间,多用于程序执行过程中观察执行效果。在前面的示例中,已经多次使用了这个方法,在此不再赘述。

11.13.2　显式等待

显式等待是 WebDriver 等待某个条件成立则继续执行,否则在达到最大时长时抛出超时异常(TimeoutException)。

WebDriverWait 类是 WebDriver 提供的等待方法。在设置时间内,默认每隔一段时间检测一次当前页面元素是否存在,如果超过设置时间仍检测不到,则抛出异常。具体格式如下。

WebDriverWait(driver,timeout,poll_frequency = 0.5,ignored_exceptions = None)

（1）driver:浏览器驱动。

（2）timeout:最长超时时间,默认以秒为单位。

（3）poll_frequency:检测的间隔(步长)时间,默认为 0.5s。

（4）ignored_exceptions:超时后的异常信息,默认抛出 NoSuchElementException 异常。

WebDriverWait()一般与 until()或 until_not()方法配合使用,WebDriverWait().until()程序执行时会对 until 中的返回结果进行判断,从而决定是否进行下一步。如果返回结果为 True,则进行下一步操作;如果返回结果为 False,则会不断地去判断 until 中的返回结果,直至超过设置的等待时间,然后抛出异常。

WebDriverWait().until_not()与 WebDriverWait().until()的判定结果相反,执行时如果 until_not 中返回结果为 False,则执行下一步,反之则不断地去判断 until_not 中的返回结果。

使用 WebDriverWait 方法时需要先导入 WebDriverWait,方法如下:

from selenium.webdriver.support.ui import webDriverWait

until 中的判断通常通过 expected_conditions 类中的方法进行。expected_conditions 类中的方法返回结果是布尔值,使用时需要导入,方法如下:

from selenium.webdriver.support import expected_conditions

以下给出 expected_conditions 类中常见的页面元素的判断方法:

（1）title_is:判断当前页面的标题是否等于预期结果;

（2）presence_of_element_located:判断元素是否被加到 dom 树下,该元素不一定可见;

（3）visibility_of_element_located:判断元素是否可见,并且元素的宽和高都不为 0;

（4）presence_of_all_elements_located:判断至少有一个元素存在于 dom 树下;

（5）text_to_be_present_in_element:判断元素中的 text 文本是否包含预期的字符串;

（6）text_to_be_present_in_element_value:判断元素中的 value 属性值是否包含预期的字符串;

（7）invisibility_of_element_located:判断元素是否不存在于 dom 树或不可见;

（8）element_to_be_clickable:判断元素可见并且可以点击;

（9）element_selection_state_to_be:判断元素的选中状态是否符合预期;

（10）alert_is_ present:判断页面上是否存在 alert。

示例:打开百度首页,使用 WebDriverWait().unil()判断输入框元素是否可见,代码如下:

```
# -* -coding:utf -8 -* —
import time
from selenium import webdriver
from selenium.webdriver.common.by import By
from selenium.webdriver.support.ui import WebDriverWait
```

```
from selenium.webdriver.support import expected_conditions as EC
driver = webdriver.Chrome ()
driver.get ('https://www.baidu.com ')
# 显示等待 5s,每隔 0.5s 尝试一次,默认为 0.5s
element = WebDriverWait (driver, 5, 0.5).until (EC.visibility_ of _ element _ located (( By.
ID, 'kw ')))
driver.quit()
```

11.13.3　隐式等待

隐式等待是全局的针对所有元素设置的等待时间,可以使用 implicitly_wait(time)方法来实现。implicitly_wait()方法是 WebDriver 提供的一种智能等待,这种等待也称为是对 driver 的一种隐式等待,使用时只需在代码块中设置一次,WebDriver 在执行时就会使用该等待设置。

示例:设置 driver 的隐式等待时间为 5 秒。

```
# -* -coding:utf -8 -* —
from time import  ctime
from selenium import webdriver
from selenium.webdriver.common.by import By
driver = webdriver.Chrome ()
driver.implicitly_wait(5)
print(ctime())
driver.get ('https://www.baidu.com ')
driver.find_element(By.ID,'kw ').send_keys('test ')
print(ctime())
driver.quit()
```

代码运行后,输出结果为:

```
Thu Jan 12 14:37:12 2023
Thu Jan 12 14:37:13 2023
```

设置的 driver 隐式等待时间为 5 秒,则 driver 在执行 find_element(By.ID,' id ')的过程中如果找到元素就会立即执行下一个动作 send_keys(),不会完全等够 10 秒后再执行下一个动作。如果超过 10 秒还没有找到该元素,则抛出未能定位到该元素的错误。

11.14　pytest 与 Web UI 自动化测试

pytest 单元测试框架除了用于单元测试外,也可用来执行 Web UI 自动化测试。在测试过程中,可以使用固件 fixture 实现测试前置,包括对象初始化和打开浏览器的操作,以及测试用例后置包括将浏览器关闭的操作。定义测试方法以 test 开头,在实现中通过调用定位元素来实现 Web UI 测试。

示例,打开百度首页,定位输入框后,分别输入"selenium"和"unittest",定位"百度一下"

按钮,鼠标单击后执行搜索操作,并判断页面标题是否与预期一致。代码如下所示:

```
#11.16
import pytest
from time import sleep
from selenium import webdriver
from selenium.webdriver.common.by import By
class TestBaidu():
    @pytest.fixture(autouse = True)
    def setUp(self):
        print(" test start ")
        self.driver = webdriver.Chrome()
        self.base_url =" https://www.baidu.com "
        self.driver.get(self.base_url)
        yield
        print(" test end ")
        self.driver.quit()
    def test_search_key_selenium(self):
        self.driver.find_element(By.ID," kw ").send_keys(" selenium ")
        self.driver.find_element(By.ID," su ").click()
        sleep(2)
        title = self.driver.title
        assert title ==" selenium_百度搜索"
    def test_search_key_unittest(self):
        self.driver.find_element(By.ID," kw ").send_keys(" unittest ")
        self.driver.find_element(By.ID," su ").click()
        sleep(2)
        title = self.driver.title
        assert title == " unittest_百度搜索"
if __name__ == '__main__':
    pytest.main(["-s","-v", " pytest_WebUI.py "])
```

代码执行后,输出结果为:

```
collecting ... collected 2 items
pytest_WebUI.py::TestBaidu::test_search_key_selenium test start
PASSEDtest end
pytest_WebUI.py::TestBaidu::test_search_key_unittest test start
PASSEDtest end
```

从上面的运行结果可以看出,使用 pytest 框架也可以实现百度搜索功能。

第 12 章

Page Object

页面对象模型(Page Object,PO)是 UI 自动化测试项目开发实践的最佳设计模式之一,它的主要特点体现在对界面交互细节的封装上,能使测试用例更专注于业务的操作,从而提高测试用例的可维护性。

12.1　PO 模型简介

PO 模型是自动化测试中的一种设计模式,该模型的作用是将每一个页面作为一个 page class 类,页面中所有的测试元素封装成方法。

在自动化测试过程中通过页面类得到元素方法从而对元素进行操作。这样可以将页面定位和业务操作分离,即测试对象和测试脚本分离,标准化了测试与页面的交互方式。

PO 模型通过对页面元素和功能模块封装可以减少冗余代码,同时在项目后期的维护中,如果元素定位或功能模块发生了变化,只需要调整页面元素或功能模块封装的代码即可,大大提高了用例的可维护性。同时,测试用例根据页面封装的方法而生成,提高了用例的可读性。

PO 模型具有很强的扩展性。根据不同类型对项目成员进行分类,比如树结构功能操作,好多页面都存在,此时就不单单限于以页面结构为 class 进行封装,可以将树结构功能提出来单独封装,在每个页面中使用,灵活度高,也可提高代码的复用。

12.2　实现 PO 模型

PO 模型主要分为三层,如图 12.1 所示。

（1）基础层 BasePage：封装一些最基础的 Selenium 的原生的 API 方法,元素定位,框架跳转等。

（2）PO 层：继承自 BasePage,将 page 中的方法,如元素定位、获得元素对象、页面动作等封装为一个个方法。

（3）测试用例层：继承 unittest.Testcase 类,并依赖 page 类,从而实现相应的测试步骤。

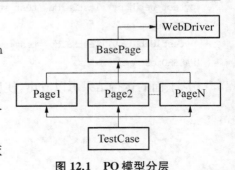

图 12.1　PO 模型分层

三者的关系：PO 层继承基础层，测试用例层调用 PO 层。

下面使用 PO 模型实现百度搜索，并生成测试报告。

12.2.1　框架搭建

PO 模型可以很灵活地对项目结构进行配置，做到结构清晰，各司其职。本例搭建地是一个简单地 PO 模型的项目结构，如图 12.2 所示。

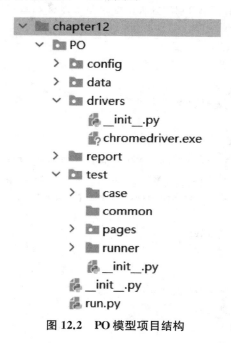

图 12.2　PO 模型项目结构

（1）config：配置文件。

（2）data：测试数据。

（3）drivers：驱动文件，存放浏览器驱动，如谷歌浏览器驱动 chromedriver.exe。

（4）report：测试报告，存放生成的 HTML 测试报告文件。

（5）test：测试文件，存放测试脚本、测试用例等。

① case：测试用例。

② common：公用方法，项目相关的方法。

③ pages：以页面为单位，每个页面一个 page class。

④ runner：对测试用例进行组织。

（6）run.py：执行文件，主要是对/test/runner 下组织的用例进行执行并且生成测试报告。

12.2.2　基础页面封装

作为基础页面类，所有的页面都会继承该类，需要封装 Selenium 的常用方法，如元素定位、时间等待等。还可以将常用的一些方法封装在内，如打开浏览器默认进入的页面、菜单操作等。

在 test/pages 目录下新建 BasePage.py 文件，编辑文件内容如下：

```python
from selenium import webdriver
from selenium.webdriver.common.action_chains import ActionChains    #鼠标操作
import os
import time
class BasePage():
    #BasePage封装所有界面都公用的方法。如 driver,find_element 等
    """基础页面"""
    def __init__(self, driver = None):
        """
        基础的参数,webdriver
        :param driver: 浏览器驱动
        """
        if driver is None:
            current_path = os.path.abspath(os.path.dirname(__file__))
            driver_path = current_path + '/../../drivers/chromedriver.exe '
            self.driver = webdriver.Chrome(driver_path)
        else:
            self.driver = driver
    #进入网址
    def open(self,url):
        self.driver.maximize_window()
        self.driver.get(url)
        time.sleep(1)
    #元素定位,替代八大定位
    def get_element(self, * locator):
        return self.driver.find_element( * locator)
    #点击
    def left_click(self, * locator):
        ActionChains(self.driver).click(self.get_element( * locator)).perform()
    #输入
    def send_text(self,text, * locator):
        self.driver.find_element( * locator).send_keys(text)
    #清除
    def clear_text(self, * locator):
        self.driver.find_element( * locator).clear()
    #表单切换
    def switch_iframe(self, * locator):
        self.driver.switch_to.frame(self.driver.find_element( * locator))
    #窗口切换
    def switch_window(self,n):
        self.driver.switch_to.window(self.driver.window_handles[n])
```

```
    ＃获取 title
def get_title(self):
        return self.driver.title
```

上述代码中,定义了一个 BasePage 基础类,并且在实例化对象时设置了 1 个默认参数 driver,表示使用哪个浏览器驱动。如果在实例化时没有设置 driver 参数,则默认使用项目 drivers 文件夹下的 chromedriver.exe 启动 Chrome 浏览器。

在 BasePage 基础类下封装了一些常用的方法,包括 open()、get_element()、left_click()、send_text()、clear_text()、switch_iframe()、switch_window()、get_title()。

（1）open()方法用于打开项目访问 URL,使用参数 url 指定了具体打开的网页。

（2）get_element()方法实现定位元素,使用可变参数 * locator 指定了具体使用的定位方式以及具体值。

（3）left_click()方法实现模拟鼠标左击,使用参数 * locator 调用 get_element()定位到具体元素,再使用 ActionChains 的 perform()实现。

（4）send_text()方法实现元素定位后的键盘输入过程,参数为 text 和 * locator,text 为具体输入值, * locator 为定位元素的参数。

（5）clear_text()方法实现清除功能,使用参数 * locator 定位元素后,再把之前输入的数值清除。

（6）switch_iframe()方法实现表单切换,使用参数 * locator 定位表单后再使用 switch_to.frame()方法进行切换。

（7）switch_window()方法实现窗口切换,参数为 n(打开窗口的顺序,从 0 开始),使用 driver.window_handles[n]获取到窗口句柄后,通过 driver.switch_to.window()方法实现切换。

（8）get_title()方法实现用户获取打开页面的标题。

12.2.3　百度查找实现

实现百度查找页面的封装,页面类为 Search,继承自 BasePage 类,在类中需要定义页面元素的定位方法。

在 test/pages 目录下新建 SearchPage.py 文件,编辑文件内容如下:

```python
＃实现步骤:(1)继承 BasePage,(2)元素传参,(3)调取方法
from selenium.webdriver.common.by import By
from chapter12.test.pages.BasePage import BasePage
class Search(BasePage):
    url = "https://www.baidu.com"
    ＃输入搜索内容
    def input_search_content(self,text):
        self.send_text(text,By.ID,"kw")
    ＃点击按钮
    def click_search_button(self):
        self.left_click(By.ID,"su")
```

创建 Search 类继承 BasePage 类,定义 url 变量,供父类中的 open()方法使用。input_search_content()方法用于定位百度主页的输入框,并输入搜索元素。此方法参数为 text,通过调用 BasePage 中的 send_text 方法实现,调用时传入参数 locator 值' By.ID," kw "'。click_search_button()方法用于定位"百度一下"按钮,并模拟鼠标单击操作。通过调用 BasePage 中的 left_click()方法实现,调用时传入参数 locator 值' By.ID," su "'。

12.2.4　测试用例实现

百度页面封装后,对页面的功能进行测试。在本例中,仅以搜索框的定位并输入元素执行查找为例编写测试用例。

在 test/case 目录下新建测试用例 testbaidu.py 文件,文件代码如下:

```python
import unittest
from selenium import webdriver
from chapter12.test.pages.SearchPage import Search
import time
class BaiDu(unittest.TestCase):
    @classmethod
    def setUp(cls):
        cls.driver = webdriver.Chrome()
        cls.page = Search(cls.driver)
        cls.page.open(cls.page.url)
    def test_search1(self):
        self.page.input_search_content(" selenium ")
        time.sleep(2)
        self.page.click_search_button()
        time.sleep(2)
        self.assertEqual(" selenium_百度搜索",self.page.get_title())
    def test_search2(self):
        self.page.input_search_content(" python ")
        time.sleep(2)
        self.page.click_search_button()
        time.sleep(2)
        self.assertEqual(" python_百度搜索",self.page.get_title())
    @classmethod
    def tearDown(cls):
        cls.driver.quit()
if __name__ == '__main__':
    unittest.main(verbosity = 2)
```

在测试用例中,首先导入 Search 类,然后将启动浏览器和关闭浏览器分别放在测试的预置条件 setUp()和测试销毁 tearDown()中。在进行百度搜索测试的方法 test_search1()和 test_search2()中,通过调用百度查找页面的方法实现,并使用 assert()判断用例预期结果的正确性。

12.2.5　测试用例组织

本节将 test/case 目录下测试文件中的测试用例组织在一起,在 test/runner 目录下新建 Main.py 文件,定义获取所有测试用例的方法 get_all_case()、测试报告输出的方法 set_report()和执行用例并输出测试报告的方法 run_case()。

编写代码如下所示:

```python
# -*-coding:utf-8-*-
import os, time
import unittest
from HTMLTestRunner import HTMLTestRunner  # 实现测试报告
class Main:
    def get_all_case(self):
        """导入所有的用例"""
        current_path = os.path.abspath(os.path.dirname(__file__))
        case_path = current_path + '/../case/'
        discover = unittest.defaultTestLoader.discover(case_path, pattern="test*.py")
        return discover
    def set_report(self, all_case, report_path=None):
        """设置生成报告"""
        if report_path is None:
            current_path = os.path.abspath(os.path.dirname(__file__))
            report_path = current_path + '/../../report/'
        else:
            report_path = report_path
    # 获取当前时间
    now = time.strftime('%Y{y}%m{m}%d{d}%H{h}%M{M}%S{s}').format(y="年",
m="月", d="日", h="时", M="分", s="秒")
    # 标题
    title = u"百度搜索测试"
    # 设置报告存放路径和命名
    report_abspath = os.path.join(report_path, title + now + ".html")
    # 测试报告写入
    fp = open(report_abspath, "wb")
        runner = HTMLTestRunner(stream=fp, title=title)
        runner.run(all_case)
        fp.close()
        return
    def run_case(self, report_path=None):
        all_case = self.get_all_case()
        self.set_report(all_case, report_path)
if __name__ == '__main__':
    Main().run_case()
```

在 Main 类中,定义 get_all_case()方法获取所有的测试用例,然后定义生成测试报告的方法 set_report(),之后使用 run_case()方法运行获取到的所有测试用例并且生成测试报告。最后将整个自动化测试项目整理输出。

12.2.6　设置项目入口

每个项目都有一个入口文件,以对整个项目进行全盘整理、提取和运行。通过将项目运行部分整合到一个运行文件中,可以实现只需要执行该文件即可运行项目的目的。

将项目中的 run.py 文件设置成入口文件,该文件可执行测试用例并输出测试结果,编写代码如下:

```
# -*-coding:utf-8-*-
import sys
sys.path.append('./../../')
from chapter12.test.runner.main import Main
if __name__ == '__main__':
    Main().run_case()
```

运行 run.py 脚本后,在 report 目录下生成 html 格式的测试报告文件,如图 12.3 所示。

> ∨ 📁 **report**
>   H **百度搜索测试2023年01月16日10时51分07秒.html**

图 12.3　html 格式的测试报告

打开测试报告文件,可以看到该报告是对整个项目测试结果的展示统计,如图 12.4 所示。

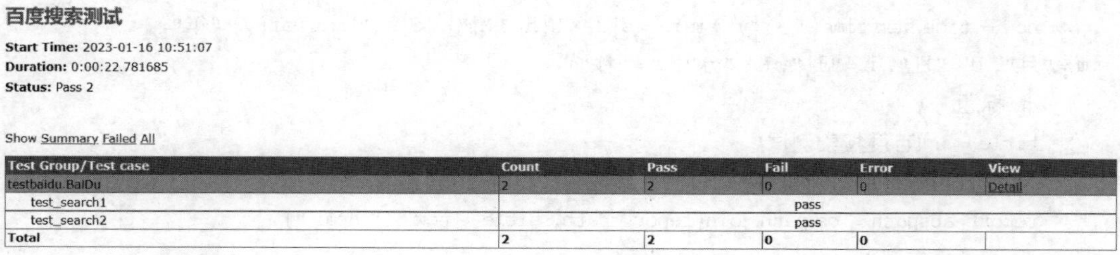

百度搜索测试
Start Time: 2023-01-16 10:51:07
Duration: 0:00:22.781685
Status: Pass 2

Show Summary Failed All

Test Group/Test case	Count	Pass	Fail	Error	View
testbaidu.BaiDu	2	2	0	0	Detail
test_search1			pass		
test_search2			pass		
Total	**2**	**2**	**0**	**0**	

图 12.4　测试报告内容

第 13 章

基于 JMeter 的性能测试

13.1 性能测试工具

　　JMeter 是个开源的性能测试工具，目前在市场中的热度很高，不依赖于界面，功能测试的脚本同样可以作为性能测试脚本运行，对测试工程师技术技能要求不高，而且提供了参数化、函数、关联等功能便于脚本的优化与扩展。

13.1.1　JMeter 简介

　　Apache JMeter 是 Apache 组织开发的基于 Java 的压力测试工具，用于对软件做压力测试。它最初被设计用于 Web 应用测试，但后来扩展到其他测试领域。可以用于测试静态和动态资源，例如，静态文件、Java 小服务程序、CGI 脚本、Java 对象、数据库、FTP 服务器等。JMeter 可以用于对服务器、网络或对象模拟巨大的负载，来自不同压力类别下测试它们的强度和分析整体性能。另外，JMeter 能够对应用程序做功能/回归测试，通过创建带有断言的脚本来验证程序返回了期望的结果。为了最大限度地灵活性，JMeter 允许使用正则表达式创建断言。

　　Apache Jmeter 可以对静态和动态的资源（文件、Servlet、Perl 脚本、Java 对象、数据库和查询、FTP 服务器等等）的性能进行测试。也可以用于对服务器、网络或对象模拟繁重的负载来测试它们的强度或分析不同压力类型下的整体性能。

　　JMeter 具有如下特点：

　　（1）能够对 HTTP 和 FTP 服务器进行压力和性能测试，也可以对任何数据库进行同样的测试（通过 JDBC）；

　　（2）完全的可移植性和 100% 纯 Java；

　　（3）完全 Swing 和轻量组件支持（预编译的 JAR 使用 javax.swing.* 包）；

　　（4）完全多线程框架，允许通过多个线程并发取样和通过单独的线程组对不同的功能同时取样；

　　（5）精心的 GUI 设计，允许快速操作和更精确的计时；

　　（6）缓存和离线分析/回放测试结果。

13.1.2   JMeter 的安装

1. JDK 的安装

（1）JDK 下载

由于 JMeter 是基于 Java 开发,首先需要下载安装 JDK 。目前最新版的 JMeter5.5（本书写作时,下同）,要求 JDK8 以上的版本。

JDK 下 载 地 址 为：http://www.oracle.com/technetwork/java/javase/downloads/index.html。

选择与系统匹配的最新版本,点击 JDK 下载,如图 13.1 所示。

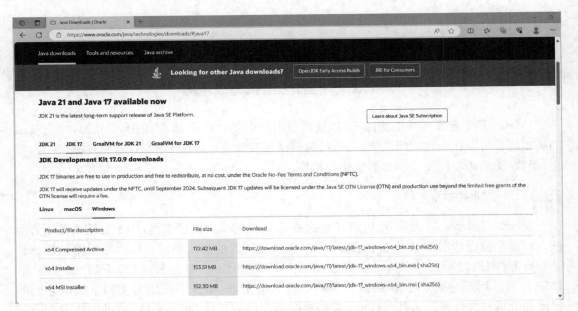

图 13.1   JDK 下载

双击下载文件,安装提示完成 JDK 的安装。

（2）配置 JDK 环境变量

添加如下的系统变量,如图 13.2 和 13.3 所示。

变量名:JAVA_HOME。

变量值:C:\Program Files\Java\jdk -19（JDK 的安装路径）。

变量名:PATH。

变量值:%JAVA -HOME %\bin。

图 13.2　配置 JDK 环境变量 1

图 13.3　配置 JDK 环境变量 2

（3）验证 JDK 是否安装成功

打开 CMD 窗口，输入 java -version 来查看 JDK 的版本。版本信息可以正确显示 JDK
的成功安装，如图 13.4 所示。

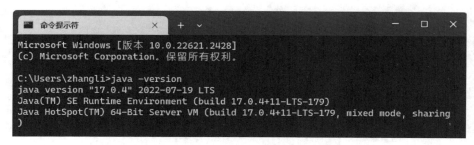

图 13.4　使用命令查看 JDK 是否安装成功

2. JMeter 下载与配置

（1）JMeter 下载

进入 JMeter 官网 http://jmeter.apache.org/download_jmeter.cgi，下载当前最新的 5.5 版本，如图 13.5 所示。

下载完成后解压 zip 包。

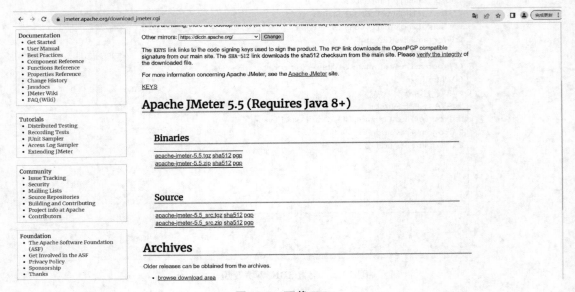

图 13.5　下载 JMeter

（2）环境变量设置

与配置 JDK 环境变量类似，添加如下的系统变量，如图 13.6 和 13.7 所示。

变量名：JMETER_HOME。

变量值：C:\apache-jmeter-5.5（JMeter 文件解压路径）。

变量名：PATH。

变量值：%JMETER-HOME%\bin。

编辑环境变量
%SystemRoot%\system32
%SystemRoot%
%SystemRoot%\System32\Wbem
%SYSTEMROOT%\System32\WindowsPowerShell\v1.0\
%SYSTEMROOT%\System32\OpenSSH\
C:\Users\zhangli\miniconda3
C:\Users\zhangli\miniconda3\Scripts
C:\Users\zhangli\miniconda3\Library\bin
C:\Program Files\Git\cmd
C:\Program Files\Git\bin
C:\Program Files\Git\mingw64\libexec\git-core
D:\allure\bin
%JMETER_HOME%\bin
%JAVA_HOME%\bin
%JAVA-HOME%\jre\bin
C:\Program Files\Common Files\Oracle\Java\javapath
C:\Program Files\node-v10.24.1
C:\Program Files\nodejs\
新建(N)
编辑(E)
浏览(B)...
删除(D)
上移(U)
下移(O)
编辑文本(T)...
确定
取消

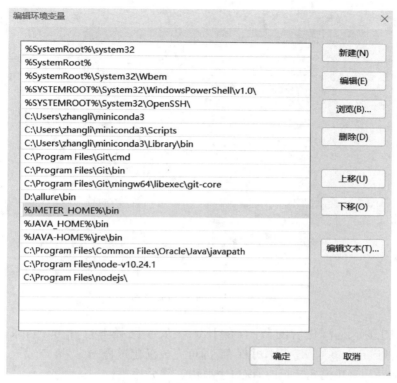

图 13.6　配置 JMeter 环境变量 1

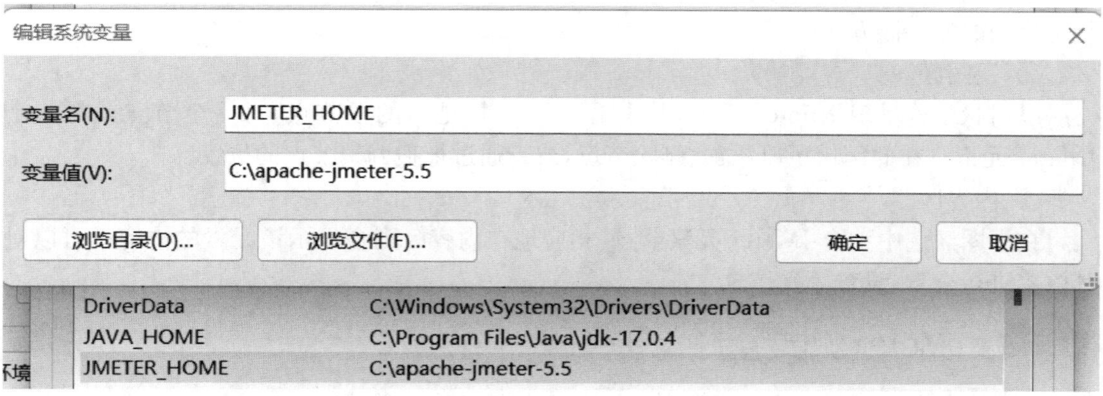

编辑系统变量
变量名(N):
JMETER_HOME
变量值(V):
C:\apache-jmeter-5.5
浏览目录(D)...
浏览文件(F)...
确定
取消
DriverData
C:\Windows\System32\Drivers\DriverData
JAVA_HOME
C:\Program Files\Java\jdk-17.0.4
JMETER_HOME
C:\apache-jmeter-5.5

图 13.7　配置 JMeter 环境变量 2

(3) 启动 JMeter

有两种方式可以启动 JMeter：双击 JMeter 解压路径(apache -jmeter -5.5\bin)bin 下面的 jmeter.bat 即可；或者在配置完环境变量后，打开 CMD，输入 jmeter 也可以启动。

启动成功后界面如图 13.8 所示。

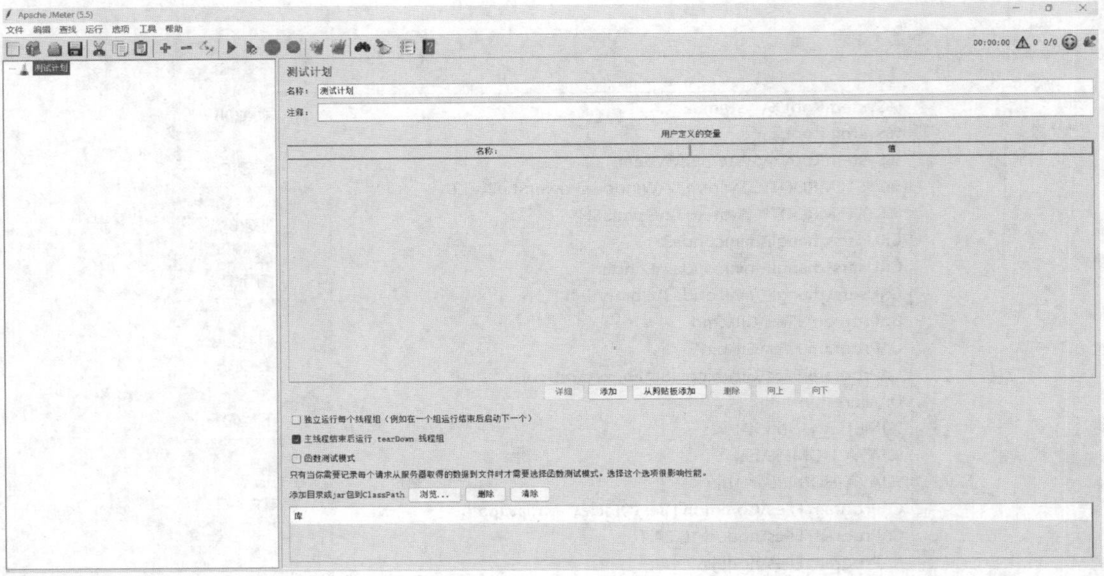

图 13.8　JMeter 启动成功界面

注意：上图显示是汉化后的截图，在 JMeter 安装路径下打开 bin 目录，找到 jmeter. properties 修改 language = zh_CN，并保存，即可完成汉化过程。

当 JMeter 以 GUI 模式运行时，窗口主要由三部分构成：

① 功能区

上方菜单栏，下方工具栏。菜单栏展示了 JMeter 提供的功能菜单，而工具栏中的图标是常见功能的快捷方式。

② 视图区

以树状结构呈现 JMeter 元素，其中"测试计划"是树的根节点，每一个节点就是一个 JMeter 元素。在此区域可以添加、删除节点，或者通过拖拽调整节点的位置。

③ 内容区

在视图区选中一个 JMeter 元素节点，相应地在内容区则会显示该元素的内容。可以对其内容进行查看、设置等操作。

13.1.3　JMeter 测试组成

JMeter 测试也是由一系列 JMeter 元素组合起来构成的，JMeter 提供了构建测试的所有元素，可以将这些元素组装起来完成想要的测试。

JMeter 元素有以下四种类型的测试元素：

① 测试计划；② 线程组；③ 组件，包含配置元件、定时器、前置处理器、后置处理器、断言与监听器；④ 控制器，包括取样器、逻辑控制器与测试片段。

1. 测试计划

测试计划描述了 JMeter 测试在运行时执行的一系列步骤。完整的测试计划由一个或多个线程组、逻辑控制器、取样器、监听器、定时器、断言和配置元件组成。测试计划元素是

JMeter 测试树的根节点,具有唯一性,所有的测试元素节点都位于根节点之下。

2. 线程组

JMeter 执行测试的任务是由线程组来完成的。线程组相当于手工测试中执行测试用例的测试工程师。线程组控制 JMeter 用来执行测试的线程数。要模拟多少个用户(称之为虚拟用户)来执行测试,可以通过修改线程组的线程数来实现。比如将线程数设置为 10,表示模拟 10 个用户执行测试。

所有的取样器与逻辑控制器都必须位于线程组下,从这个角度理解,JMeter 测试计划真正开始于线程组。其他元素,如监听器,可以直接放在测试计划下,在这种情况下,它们将作用于所有的线程组。一个测试计划下可以有多个线程组,在测试计划中可以配置以并行或顺序方式启动多个线程组。

3. 组件

JMeter 中最基本的元素为元件,元件是 JMeter 测试中的最小功能单元,每个元件都具有某种特定的功能。比如"Response Assertion"断言元件,可以实现对请求或响应是否预期的验证。JMeter 提供了很多元件,为了方便用户使用与管理众多的元件,JMeter 将多个功能类似或逻辑上相关的元件归为一类,称为组件。JMeter 包含六大组件:配置元件、定时器、前置处理器、后置处理器、断言、监听器。

（1）配置元件

配置元件与取样器密切相关。类似于配置文件之于软件,软件配置文件可以影响软件的行为;同样通过配置元件可以新增或修改请求内容,实现对请求的自定义。

（2）定时器

默认情况下,JMeter 线程按顺序执行取样器不会出现暂停的情况。通过将定时器添加到线程组来指定延迟。如果不加延迟,JMeter 可能会在很短的时间内发送过多的请求到服务器,导致服务器负载过重而崩溃。定时器可以使在其作用范围内的每个取样器执行前延迟一段时间。

（3）前置处理器

前置处理器在进行取样器请求之前执行一些操作。如果前置处理器附加到取样器元素,那么它将在该取样器元素运行之前执行。前置处理器经常用于在运行之前修改取样器请求的设置,或更新未从响应文本中提取的变量。

（4）后置处理器

后置处理器在取样器请求完成后执行一些操作。如果后置处理器附加到取样器元素,那么它将在该取样器元素运行之后执行。后置处理器通常用于处理响应数据,从中提取需要的值。

（5）断言

断言用于验证取样器请求或对应的响应是否返回了期望的结果。JMeter 测试是否执行成功,结果是否为预期,都可以通过添加断言来进行验证。

（6）监听器

监听器可以在 JMeter 执行测试的过程中搜集相关的数据,并将这些数据以不同的形式,如树、图、报告等呈现出来。例如,"图形结果"监听器绘制响应时间的曲线图,"查看结果树"监听器显示取样器请求和响应的详细信息等。此外,有些监听器还可以将搜集到的测试数据保存到文件中供以后使用。

4. 控制器

(1) 取样器

取样器用于构建发给服务器处理的请求,即告诉 JMeter 怎样将请求发送到服务器。例如,若要发送 HTTP 请求,可以选择"HTTP Request"取样器,同时还可以通过添加配置元件来自定义请求。

(2) 逻辑控制器

取样器请求默认是以先后顺序依次执行的,某些情况下满足了复杂的业务/场景需求。通过逻辑控制器可以控制 JMeter 发送请求的逻辑,来实现复杂的业务/场景。比如有选择性执行某些请求,循环执行请求,整体执行逻辑上有依赖关系的请求,交替执行请求等。

13.2　性能测试环境搭建

在本节中,使用 Discuz! 来搭建某学院的 bbs 系统作为校园信息发布及网络沟通平台,

在此,面向学院全体师生客户群体衡量 Discuz! X3.5 系统性能状况。已知计算机学院教师人数 80 人左右,学生人数 1 000 人左右。计算机学院期望 Discuz! X3.5 上线后能够高效、快捷地支撑师生的网络交流和沟通。

Discuz! X 目前最新版本为 3.5,安装要求系统中 PHP 版本至少为 5.6.0,MySQL 版本至少为 5.5.3,如果使用 MariaDB,版本至少为 10.2。

本书使用 XAMPP 搭建集成的 Apache + MySQL + PHP 环境,在此基础上安装 Discuz!。

13.2.1　安装 XAMPP

XAMPP 是一个易于安装且包含 MySQL、PHP 和 Perl 的 Apache 发行版。XAMPP 非常容易安装和使用:只需下载,解压缩,启动即可。

进入 XAMPP 官网 https://www.apachefriends.org/zh_cn/download.html,下载与系统环境一致的版本。本书中下载版本:8.2.0,点击下载文件执行安装过程。安装过程使用默认配置即可,此过程较简单,不再赘述。安装完成后,自动启动程序,如图 13.9 所示。

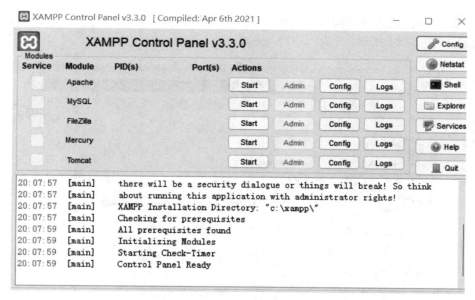

图 13.9　XAMPP 安装成功

启动 Apache 服务和 MySQL 服务,启动成功后如图 13.10 所示。

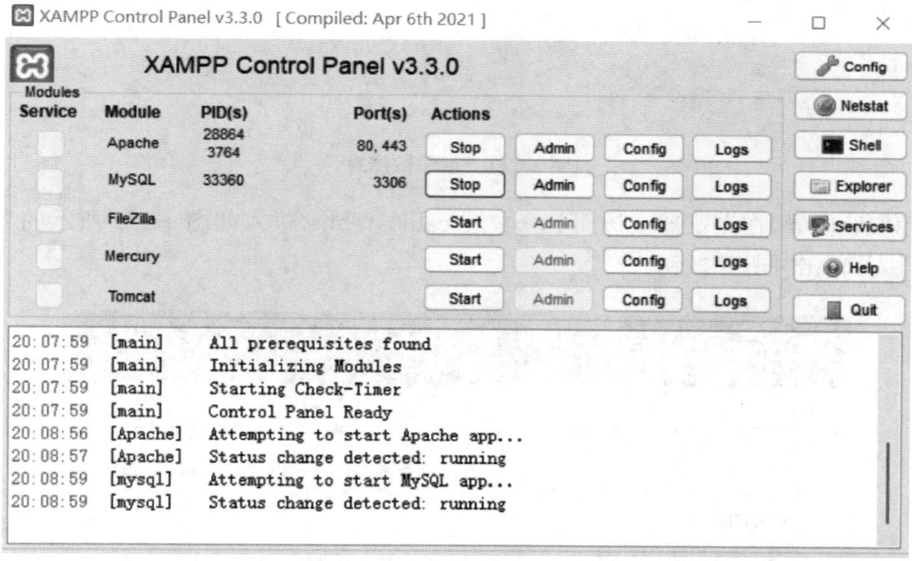

图 13.10　启动 Apache 和 MySQL 服务

13.2.2　安装 Discuz! X3.5 版本

进入 https://gitee.com/Discuz/DiscuzX/attach_files,下载其中一个版本 Dsicuz!
X3.5。解压下载文件,将 upload 文件夹改名为 bbs,并放入 C:\xampp\htdocs(C:\xampp 为
XAMPP 安装路径)中。

在浏览器中输入 http://localhost/phpmyadmin/或者在 XAMPP 控制面板中点击

MySQL 的 admin，进入 MySQL 数据库，点击新建，输入数据库名为"bbs"，再点击创建，创建数据库，如图 13.11 所示。

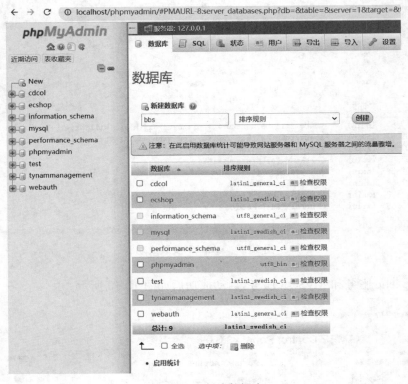

图 13.11   创建数据库

启动安装向导，在浏览器中访问 http://localhost/bbs，进入如图 13.12 所示的 Disccuz! 安装向导，并单击"同意"按钮。

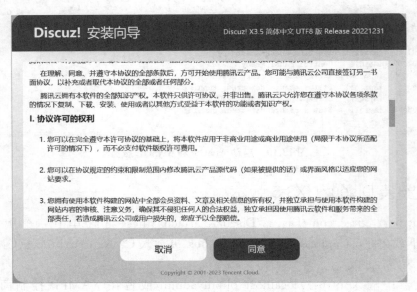

图 13.12   Discuz! X 安装向导

　　配置检查，如图 13.13 所示，自动进行环境，目录、文件权限检查和函数依赖性检查，单击"下一步"按钮。

图 13.13　Discuz！X 安装向导-检查安装环境

　　设置运行环境，在如图 13.14 所示窗口中选择安装类型并单击"下一步"按钮。

图 13.14　Discuz！X 安装向导-设置运行环境

　　安装数据库，在如图 13.15 所示的窗口中填写数据库信息及管理员信息，其中数据库名需要与前面创建的数据名保持一致，在这里为"bbs"，数据库用户名为"root"，密码默认为空。

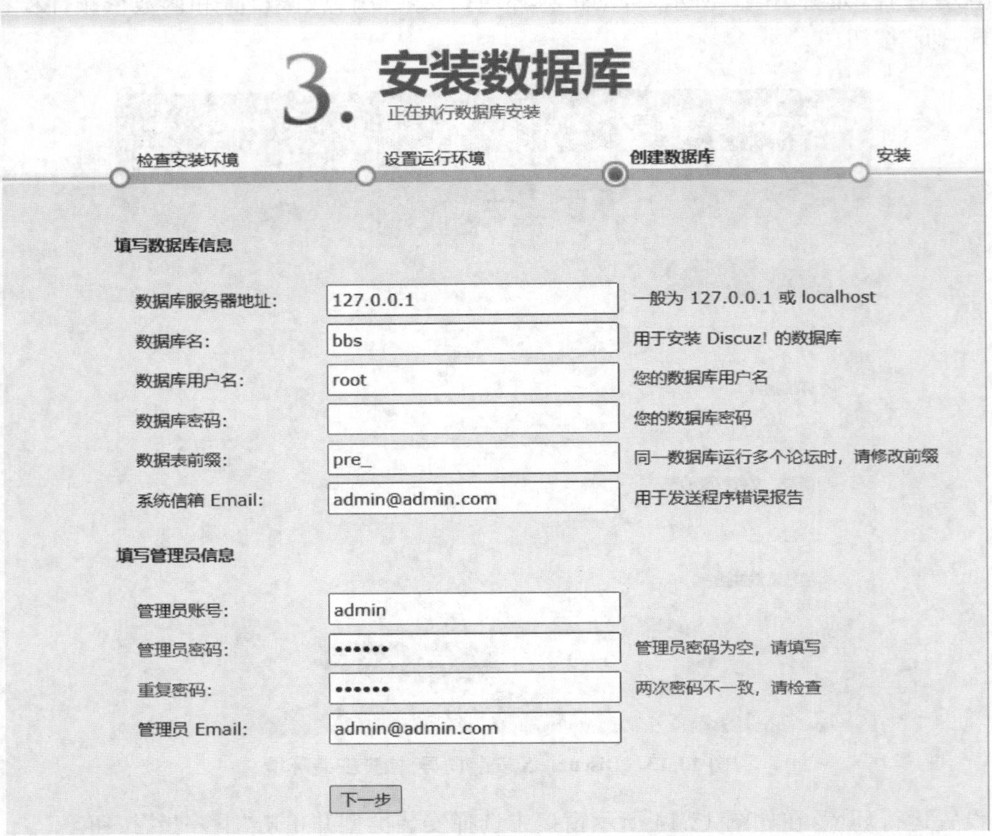

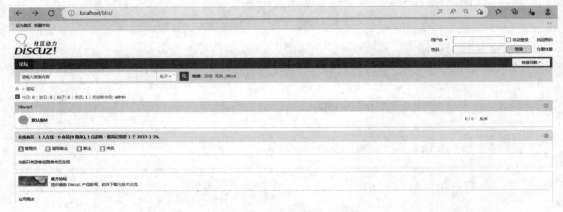

图 13.15　Discuz! X 安装向导-创建数据库

安装成功后,在浏览器中输入 http://localhost/bbs/可以进入主页,如图 13.16 所示。

图 13.16　Discuz! 社区主页

13.3　性能测试需求分析

13.3.1　什么是性能需求

性能需求可以划分为隐性性能需求和显性性能需求。隐性性能需求通常由普通型客户提出,这类客户往往不了解性能指标,不能明确提出具体的性能需求,因此这类需求需要需求人员采用合理的方式去协助客户明确需求指标,甚至需要开发方来提供需求指标,然后再由客户进行确认。显性性能需求一般由专业型客户提出,这类客户往往具备自己的开发部门和测试团队,他们非常清楚系统处理业务量的分布,能够明确指出系统应该达到的目标,显然这类需求更加明确。

下面结合实例讲解,让大家更加清楚这两类性能需求。

(1) 隐性需求举例:用户提出"Discuz 论坛处理发帖速度将与某论坛一样快,能够让大量用户同时发帖不出现故障",属于隐性性能需求,存在着"响应速度"这一隐性性能需求。

(2) 显性需求举例:以下仍借助 Discuz 论坛来展示显性性能需求。

① Discuz 登录操作响应时间少于 3 秒;

② Discuz 论坛可支持 1 000 个用户同时在线操作;

③ Discuz 论坛在晚上 8∶00—11∶00 之间,至少可支持 10 000 个用户同时发帖;

④ Discuz 论坛处理速度每秒 5 000 笔,峰值处理能力达到每秒 10 000 笔;

⑤ 服务器 CPU 使用率不能超过 70%;

以上实例均存在很明确的指标或数字,可参照这些指标直接开展相应测试,故上述需求为显性性能需求。

13.3.2　常用的性能需求获取方法

(1) 依据用户明确要求

依据用户明确给出的测试相关数据和指标是分析系统性能需求最直接、最简便的方法。对于前面提到的专业型客户,如银行、军事、医疗、政府机关等以及国外客户,大多都会给出较明确的性能需求(响应时间、并发量、服务器资源指标等),作为开发方,只需整理后参照明确指标进行测试即可。

(2) 依据用户提供的已有数据整理分析得出

所谓客户提供的已有数据指客户业务交易的纸质数据、客户旧版本系统中的历史数据(服务器日志、数据库记录等)。例如,一个未曾使用过电子系统的保险公司,若该公司已有旧版本的电子投保系统,则旧版本的运行系统中存在大量有价值的数据。如 Web 服务器(IIS、Apache 或 JBoss 等)的日志中记录了系统访问情况以及出错信息等,可依据日志信息分析客户的业务量,以及每年、每月、每周、每天的峰值业务量等。此时,以充分的真实业务数据做参考得出的性能需求显得更加真实有效。

(3) 依据同行业中类似项目或类似行业中的数据

该方法包含了两种情况,一种为"依据同行业中类似项目的数据",另一种为"依据类似行业中的数据"。这两种情况所表达的含义是一致的:当自己没有某些资源时,要学会借助外界力量帮助自己实现性能目标的获取。

下面,给出几个依据同行业中类似项目的数据或类似行业中的数据得出性能需求的几个实例。

例 13.1 在某企业网站的成功解决方案中介绍该方案的优势为:"实现了 7×24 稳定运行要求,系统可承载 3 000 用户同时访问,1 秒快速响应您的请求等",其中的数据可作为性能需要的参考。

例 13.2 有一些网站首页本身就提供了点击量、文章浏览量等统计信息,尽管在许多时候,不能完全照搬这些数据,但这些信息仍然具有很强的参考价值。

13.3.3 测试对象及测试范围

基于对 Discuz! X3.5 社区的业务实际应用情况。从以下"测试范围"和"非测试范围"两方面来确定具体测试内容。

(1)测试范围

依据实际需求,针对 Discuz! X3.5 社区的门户、论坛、群组、排行榜进行性能测试,主要面向大量用户并发访问及持续访问情况开展。例如,注册、登录、门户(文章查看)、论坛(帖子查看/发帖/回帖/查询)、群组(查看群组分类/查看主题/发帖/浏览帖子)和排行榜(查看排行分类、查看上榜项)等。其中,注册、登录及门户模块下浏览文章功能尤为常用,将作为测试重点。

(2)非测试范围

后台管理、设置(修改头像、个人资料、积分、隐私筛选等)、提醒、短消息、找回密码等功能在实际使用中并发数量相对较少,暂不进行性能测试。

13.4 测试需求提取及用例设计

针对第 13.3 节中的项目背景、性能测试范围及 Discuz! 实际运行情况,进行如下分析。

① 主要产生压力的角色:访客(未登录用户)、已注册用户;

② 主要产生压力的功能:登录、门户模块下浏览文章等;

③ 每年 2 月—6 月,9 月—12 月为系统使用频繁期(学生在校期间);

④ 每天 12:00—13:30、19:00—21:00 为系统使用高峰期(学生无课时间);

⑤ 高峰期内有大量用户同时访问相应模块。例如,登录、门户(浏览文章)等。结合学院人员组成结构(粗略统计教师 80 人左右,学生 1 000 人左右),特定时段登录/活动人数预计为 100 人,也即并发数支持 100 人。

经过分析,本次测试的性能需求指标如表 13.1 所示。

表 13.1　性能测试需求指标

测试项	响应时间	业务成功率	并发数	CPU 使用率	内存使用率
登录	≤3 s	>95%	100	<80%	<80%
门户下浏览文章	≤3 s	>95%	100	<80%	<80%

　　在此,从"单一业务场景测试"及"组合业务场景测试"两方面入手,重点针对"登录及门户模块下浏览文章功能"进行需求提取与设计。

　　注意:论坛、群组、家园等其他模块和功能点也需进行需求提取及场景设计等操作。但基于如下原因不再赘述。其一,其他功能点性能测试基本同"注册、登录及浏览文章功能"的测试,仅具体细节存在差异;其二,在目前众多系统或网站中,注册、登录及浏览文章功能作为典型代表尤为常见,以此为例更具通用价值。

　　(1) 登录功能场景用例,如表 13.2 所示。

表 13.2　登录功能场景用例

测试用例编号			01	
测试用例名称			登录功能	
场景运行步骤	线程数		100	
	开始线程		立刻开始所有线程	
	持续运行		每个线程迭代一次	
	停止线程		运行时间结束停止	
集合点	不设计	线程代理	不使用	数据监控	Jmeter
预期指标值				
测试项	响应时间	业务成功率	并发数	CPU 使用率	内存使用率
登录操作	≤3 s	＞95％	100	＜80％	＜80％
实际指标值				
测试项	响应时间	业务成功率	并发数	CPU 使用率	内存使用率
登录操作					
测试执行人			测试日期	

　　(2) 门户下浏览文章功能场景用例,如表 13.3 所示。

表 13.3　门户下浏览文章功能场景用例

测试用例编号			02	
测试用例名称			门户下浏览文章功能	
场景运行步骤	线程数		100	
	开始线程		立刻开始所有线程	
	持续运行		每个线程迭代一次	
	停止线程		运行时间结束停止	
集合点	不设计	线程代理	不使用	数据监控	Jmeter
预期指标值				
测试项	响应时间	业务成功率	并发数	CPU 使用率	内存使用率

续　表

测试项	响应时间	业务成功率	并发数	CPU 使用率	内存使用率
门户下浏览文章	≤3 s	>95%	100	<80%	<80%
实际指标值					
测试项	响应时间	业务成功率	并发数	CPU 使用率	内存使用率
门户下浏览文章					
测试执行人			测试日期		

13.5　性能测试脚本开发

在设计完成测试场景后,需要根据测试场景,完成脚本的录制和开发。本章中的脚本录制使用 BadBoy 测试工具录制生成。由于工具的安装非常简单,在此不再赘述。

在 13.4 节的场景中,登录功能需要测试 100 个用户,因此首先需要有 100 个注册用户数据。

13.5.1　注册用户数据生成

(1) 录制注册脚本

BadBoy 安装完成后,开启软件,输入测试系统地址 http://localhost/bbs,如图 13.17 所示。

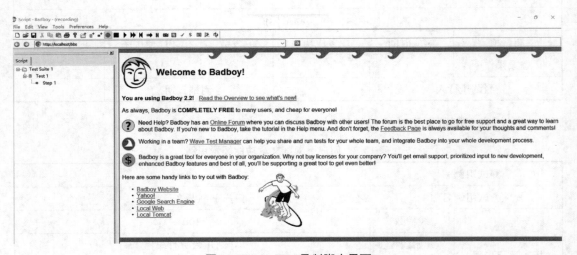

图 13.17　BadBoy 录制脚本界面

单击→按钮,录制首页访问,根据注册步骤,逐步操作,完成注册后,停止录制,如图 13.18所示。

图 13.18　注册脚本步骤列表

脚本操作录制完成后，删除注册过程中间的消息，单击"File"→"Export to Jmeter"，导出 JMeter 脚本。

（2）修改测试脚本

在 JMeter 打开刚才保存的注册脚本，修改每个 HTTP 请求中的名称为可理解的，如图 13.19 所示。

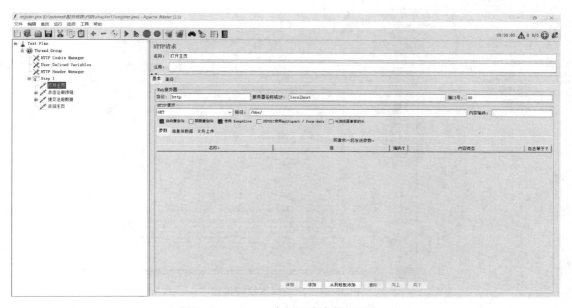

图 13.19　JMeter 中打开脚本并修改名称

选择 step1 后，鼠标右键→"添加"→"监听器"→"查看结果树"，添加"查看结果树"，如图 13.20 所示。

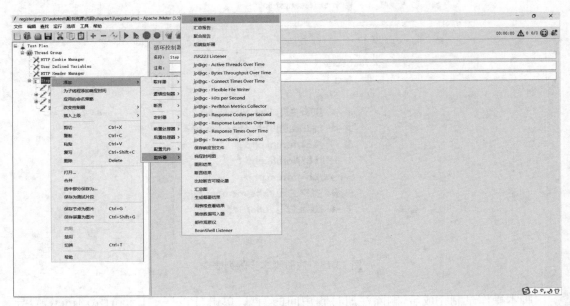

图 13.20   添加"查看结果树"

点击"启动",运行注册脚本。执行结束后,点击"查看结果树",发现提交注册数据的请求收到错误响应,具体如图 13.21 所示。

图 13.21   原始脚本执行报错

使用开发者工具抓包在注册过程中发送的数据,分析问题原因。在 Chrome 浏览器的地址栏中输入 http://localhost/bbs,点击回车,打开 bbs 主页。页面上右键选择"检查",选择"Network",并勾选"Preserve log",如图 13.22 所示。

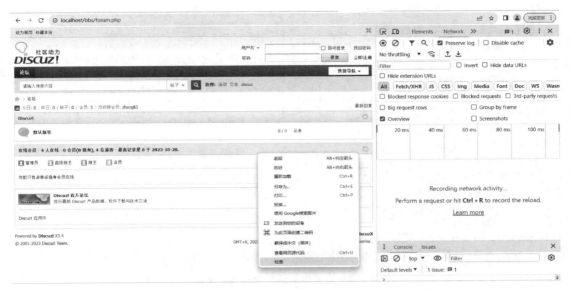

图 13.22　打开开发者工具

按照注册步骤完成整个注册过程，查看在提交注册数据时发送的 POST 请求消息，在 Header 中可以看到：

Request URL：http://localhost/bbs/member.php? mod = register&inajax = 1。

Content – type：multipart/form – data；boundary =---- ebKitFormBoundarypCNyneLhjUyfA9XA。

在 Payload 中可以看到发送数据格式如图 13.23 所示。

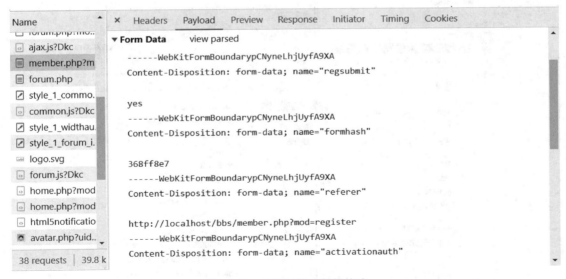

图 13.23　注册时提交数据格式

在提交的数据中"formhash"每次注册都是不同的，在发送注册数据的 POST 中，数据来源于点击注册按钮的响应消息，如图 13.24 所示。

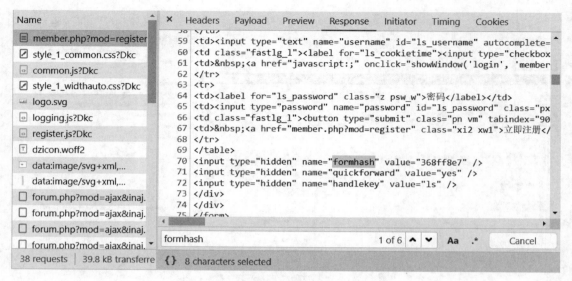

图 13.24　点击注册响应中的"formhash"

基于以上分析,需要对脚本做出的修改主要有三个:

① 使用正则表达式获取"点击注册"响应中的 formhash,并在发送注册消息请求中更新。

选中"点击注册按钮"HTTP 请求,右键"添加"→"后置处理器"→"正则表达式提取器",如图 13.25 所示。正则表达式的设置如图 13.26 所示。

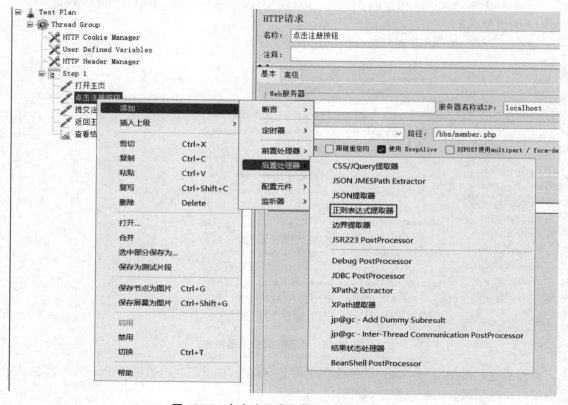

图 13.25　点击注册请求中增加正则表达式

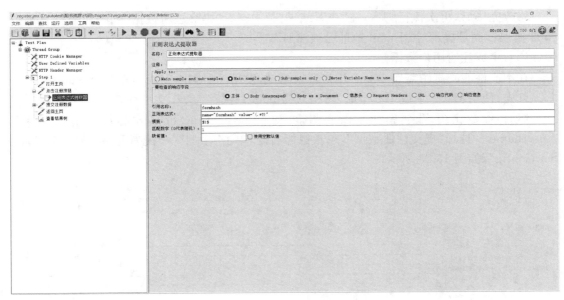

图 13.26　正则表达式

引用名称可以设置为"formhash"，正则表达式为"name =" formhash " value = "(.＊?)""，模板为"＄1＄"，表示对应正则表达式中的第一个（）所匹配的内容，匹配数字为1，表示返回匹配结果数组的第一个元素。

② 修改 POST 请求 URL 地址。

③ 修改 POST 请求中数据格式。

修改 POST 请求如图 13.27 所示，路径修改为"/bbs/member.php？ mod = register"，勾选"对 POST 使用 multipart/form - data"，"formhash"值修改为"＄{formhash}"，{}中的名称需要与题图 13.26 中的引用名称保持一致。

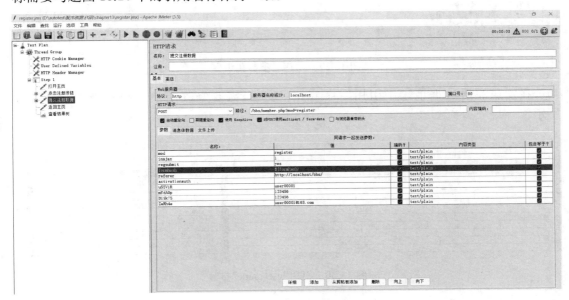

图 13.27　修改提交注册数据请求

修改完毕后,再次执行脚本,在"查看结果树"中查看"提交注册数据"的响应数据不再报"503 错误",而是提示"该 Email 地址已被注册"。

（3）生成注册用户数据

在本次性能测试中需要 100 个用户登录测试,使用注册脚本完成 100 个用户的注册。

首先,使用 Excel 生成 100 个账号,格式为 u0001,保存为 txt 文件。

然后,参数化用户名,密码不需要调整,利用 CSV Data Set Config 创建用户名参数' username '。选择"提交注册数据",单击鼠标右键,单击"添加"→"配置元件"→"CSV Data Set Config",如图 13.28 所示。

图 13.28 "CSV Data Set Config"设置界面

在文件名中输入测试数据所在路径"D:/autotest/配书资源/代码/chapter10/username.txt",设置供测试脚本调用的变量名,如"username",其他默认设置即可,如图 13.29 所示。

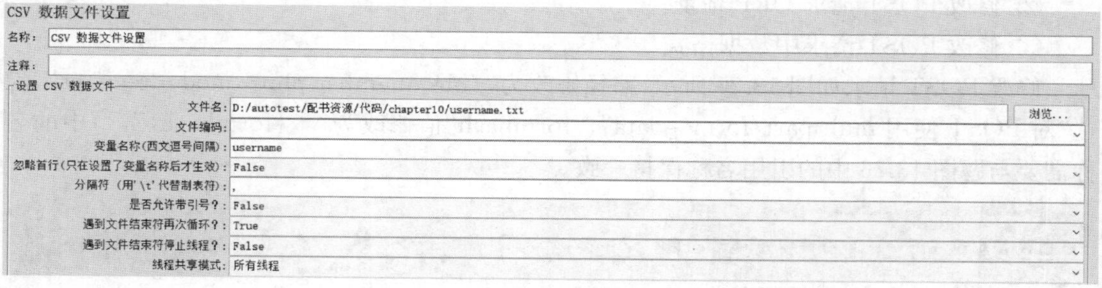

图 13.29 用户名参数化设置

在发送注册数据请求中引用"username"变量,需要修改用户名和邮箱,如图 13.30 所示。

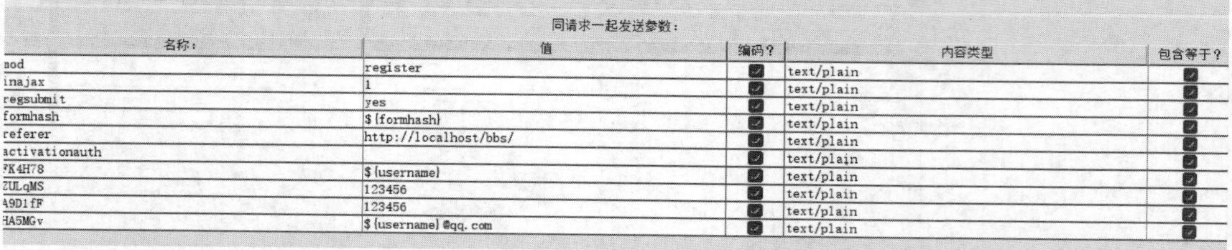

图 13.30 引用"username"参数

单击"Thread Group"，设置线程数"100"，如图 13.31 所示。

图 13.31　设置线程数

所有操作设置完成后，即执行该场景，完成 100 个用户的注册。在 XAMPP 控制面板中点击 MySQL 的 admin，进入 MySQL 数据库，点击表"pre_common_member"，可以查看到已经注册的用户数据。随机选取一个用户登录，可以登录成功，验证所需用户全部注册成功。

13.5.2　用户登录脚本开发

（1）录制登录脚本

使用 BadBoy 录制用户登录以及登录成功后退出登录的过程，生成 JMeter 脚本，如图 13.32 所示。

```
Test Plan
  Thread Group
    HTTP Cookie Manager
    User Defined Variables
    HTTP Header Manager
    Step 1
      打开主页
      输入用户名和密码，点击登录
      登录成功返回主页
      退出登录
```

图 13.32　登录脚本

（2）修改登录脚本

与注册脚本类似，修改登录脚本中的"formhash"。在登录过程以及退出登录过程的前一个 HTTP 请求中使用正则表达式获取"formhash"并使用，如图 13.33 和 13.34 所示。

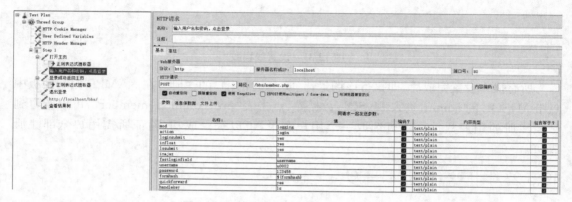

图 13.33　正则表达式提取

图 13.34　修改登录请求中的"formhash"

退出登录请求中修改类似,不再赘述。

（3）参数化用户名

为模拟不同用户登录,更符合实际业务情景,需针对用户名进行参数化。选择"输入用户名和密码,点击登录"HTTP 请求,单击鼠标右键,单击"添加"→"配置元件"→"CSV Data Set Config",设置相关信息,"线程共享模式"需设置为"所有线程",具体设置信息如图 13.35 所示。

参数	消息体数据	文件上传			
		同请求一起发送参数:			
名称:		值	编码?	内容类型	包含等于?
mod		logging	☑	text/plain	☑
action		login	☑	text/plain	☑
loginsubmit		yes	☑	text/plain	☑
infloat		yes	☑	text/plain	☑
lssubmit		yes	☑	text/plain	☑
inajax		1	☑	text/plain	☑
fastloginfield		username	☑	text/plain	☑
username		${username}	☑	text/plain	☑
password		123456	☑	text/plain	☑
formhash		${formhash}	☑	text/plain	☑
quickforward		yes	☑	text/plain	☑
handlekey		ls	☑	text/plain	☑

图 13.35　登录用户名参数化设置

设置好 CSV 后,在请求中进行替换,替换后如图 13.36 所示。

CSV 数据文件设置

名称：CSV 数据文件设置

注释：

设置 CSV 数据文件

文件名：	D:/autotest/配书资源/代码/chapter10/username.txt	浏览...
文件编码：	
变量名称(西文逗号间隔)：	username
忽略首行(只在设置了变量名称后才生效)：	False
分隔符（用 \t' 代替制表符)：	,
是否允许带引号？	False
遇到文件结束符再次循环？	True
遇到文件结束符停止线程？	False
线程共享模式：	所有线程

图 13.36　用户登录用户名参数替换

（4）设置计时器

脚本录制过程中，用户输入账号及密码和用户登录成功后等待用户选择两个操作都需要一定的时延，需添加 2 个计时器：用户登录信息输入 5 秒计时器、登录成功等待选择 2 秒计时器，具体设计如图 13.37 所示。

```
├─ 🎺 Test Plan
   └─ ⚙️ Thread Group
      ├─ ✖ HTTP Cookie Manager
      ├─ ✖ User Defined Variables
      ├─ ✖ HTTP Header Manager
      └─ 📇 Step 1
         ├─ 🔧 打开主页
         ├─ 🔧 输入用户名和密码，点击登录
         │  ├─ ✖ 用户名参数化
         │  └─ 🕐 输入用户信息
         ├─ 🔧 登录成功返回主页
         │  ├─ ▶ 正则表达式提取器
         │  └─ 🕐 登录成功等待选择
         └─ 🔧 退出登录
```

图 13.37　用户登录业务计时器设置

（5）设置断言

为了判定用户登录是否成功，可设置断言，检验用户登录成功标志位是否出现。经过分析，bbs 如果用户登录成功，在 UI 界面上将显示登录的用户名信息，则可以此为断言信息。单击发送"登录成功返回主页"的 HTTP 请求，单击鼠标右键，单击"添加"→"断言"→"响应断言"，输入"要测试的模式"，即"＄{username}"，如图 13.38 所示。

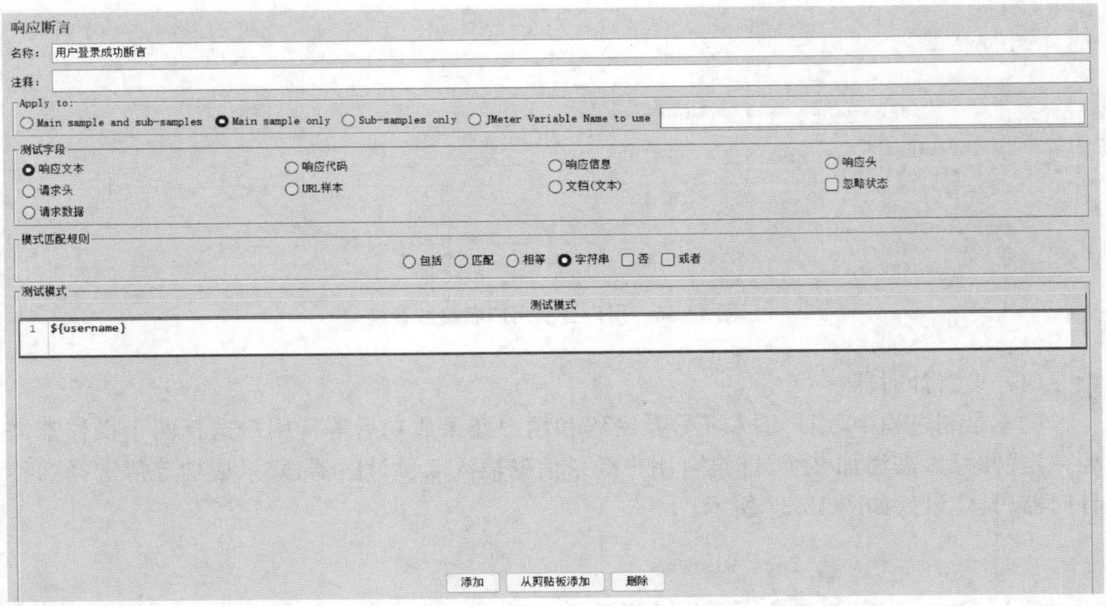

图 13.38　用户登录状态断言

（6）添加"查看结果树""聚合报告"，便于统计脚本执行过程中的数据表现。

13.5.3　用户在门户下浏览文章脚本开发

（1）用 BadBoy 录制用户登录、选择校园新闻、点击文章查看、关闭文章等过程，生成 JMeter 脚本；

（2）修改脚本，与登录脚本类似，在"登录"和"退出登录"HTTP 请求的前一个请求中使用正则表达式提取器获取"formhash"，并使用；

（3）针对用户名进行参数化，方法类似用户登录脚本设置，这里不再赘述；

（4）为了实现随机选择某篇文章，然后进行查看，需要在页面上随机获取新闻的信息，利用正则表达式提取器实现随机获取新闻 aid。单击"登录成功后返回校园新闻"HTTP 请求消息，单击鼠标右键，单击"添加"→"后置处理器"→"正则表达式提取器"，设置相关信息如图 13.39 所示；

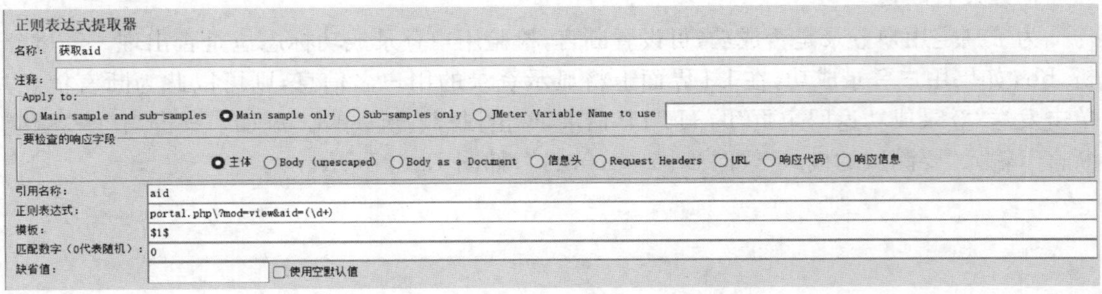

图 13.39　设置 aid 正则表达式提取器

"正则表达式"：设为"portal.php\？ mod = view&aid =(\d +)"，需注意，"？"需进行转义。
"匹配数字"：表述获取数据的方式，为了达到随机的效果，这里设置为"0"。

（5）获取了动态的文章 aid 后，在请求中替换，如图 13.40 所示；

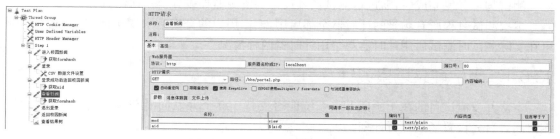

图 13.40　替换文章 aid 参数

（6）设置计时器；

脚本录制过程中，用户输入账号及密码和用户登录成功后等待用户选择两个操作都需要一定的时延，需添加 2 个计时器：用户登录信息输入 5 秒计时器、登录成功等待选择 2 秒计时器。

（7）添加"查看结果树""聚合报告"，便于统计脚本执行过程中的数据表现；

（8）将所有请求的名称修改为可识别的信息，便于后续测试过程中定位问题，最终结果如图 13.41 所示。

图 13.41　随机查看文章脚本请求列表

13.6　场景设计及资源监控

测试脚本开发完成后，需进行测试场景设计和资源监控设计。本次测试分为 3 个场景。

本次测试过程所有场景的计时器全部启用，模拟用户的真实请求发送请求，测试工程师可在实际测试时测试启用计时器与禁用计时器两种情况。

13.6.1　用户登录场景设计

本次并发测试目的在于验证 bbs 系统能否支持 100 个并发同时登录系统，无需考虑持续时间。首先设置场景执行计划。

（1）线程组设置；

单击"Thread Group"（此处改名为"用户登录业务"），修改线程组中的线程数为 100，如图 13.42 所示。

图 13.42　用户登录线程组设置

（2）线程组设置完成后，需设置服务器资源监控信息。

JMeter 利用 Plugins Manager 管理所有插件，测试工程师可利用该管理器管理测试过程中可能需要的插件，如 TPS 监控、系统资源监控等。

以服务器性能监控为例，Plugins manager 中添加"PerfMon（Servers PerformanceMonitoring）"，即可通过 JMeter 远程监控服务器系统资源。插件安装过程如下所示。

① 打开网页，https://jmeter-plugins.org/install/Install/，下载 Plugins-Manager.jar 文件，如图 13.43 所示。

JMeter Plugins > Install > Install

jmeter-plugins.org
Every load test needs some sexy features!

| ⬇ Install | Q Browse Plugins | 📄 Documentation | 📊 Usage Statistics | ⊕ Support Forums | ✓ JMX Editor |

Installing Plugins

The easiest way to get the plugins is to install Plugins Manager. Then you'll be able to install any other plugins just by clicking a checkbox.

Download **plugins-manager.jar** and put it into `lib/ext` directory, then restart JMeter.

图 13.43　JMeter 插件下载

② 将文件拷贝到 JMeter 安装目录的 lib\ext 目录下,然后重启 JMeter。

③ 打开 JMeter,单击"选项"→"Plugins Manager",一共有三个页面:

Installed Plugins:已安装的插件,并可通过取消勾选应用操作来卸载插件;

Available Plugins:可安装的插件;

Upgrades:升级插件。

④ 点击 Available Plugins 选项,在文本框中输入"PerfMon"全部或者部分字符,如图 13.44 所示。选中"PerfMon"。点击右下角的"Apply Changes and RestartJMeter",JMeter 自动下载,安装插件,安装完毕后会自动重启。

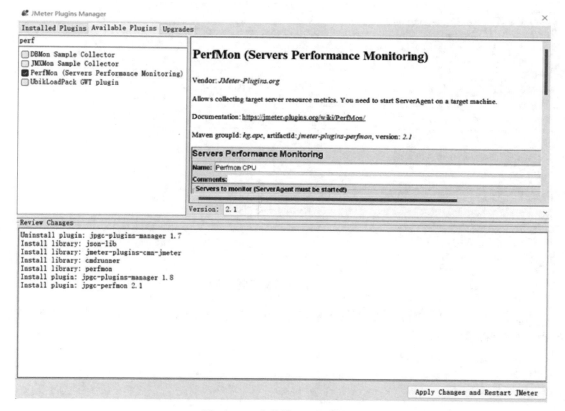

图 13.44　安装"PerfMon"插件

⑤ 下载"ServerAgent"。

打开链接 https://github. com/undera/perfmon-agent/releases/download/2. 2. 3/,ServerAgent-2.2.3.zip,下载文件。把下载的 ServerAgent-2.2.3.zip 解压即可。

⑥ 在 Windows 服务器,运行文件夹中的 startAgent.bat 即可,linux 的服务器是运行 startAgent.sh(需要 jar 环境支持)。

⑦ 服务器端运行 startAgent.sh/bat 启动 ServerAgent,默认使用 4444 的 TCP/UDP 端口,出现如图 13.45 提示,则表示 ServerAgent 正常启动。

```
C:\Windows\system32\cmd.exe
INFO    2023-02-07 17:38:35.663 [kg.apc.p] (): Binding UDP to 4444
INFO    2023-02-07 17:38:36.669 [kg.apc.p] (): Binding TCP to 4444
INFO    2023-02-07 17:38:36.671 [kg.apc.p] (): JP@GC Agent v2.2.3 started
```

图 13.45　ServerAgent 启动成功

选择"Step1",单击右键,"添加"→"监听器"→"jp@gc-PerfMon Metrics Collector",如图 13.46 所示。

图 13.46　添加服务器监控窗口

点击"Add Row",添加需监控的对象,如 CPU、内存等,如图 13.47 所示,添加完成后执行计划才能获取数据。

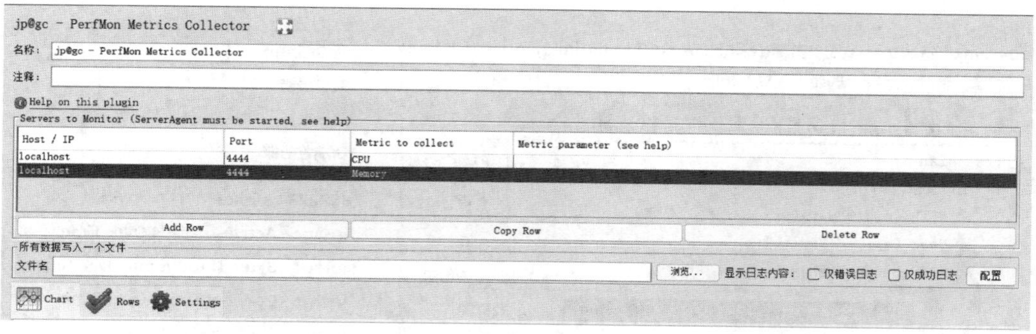

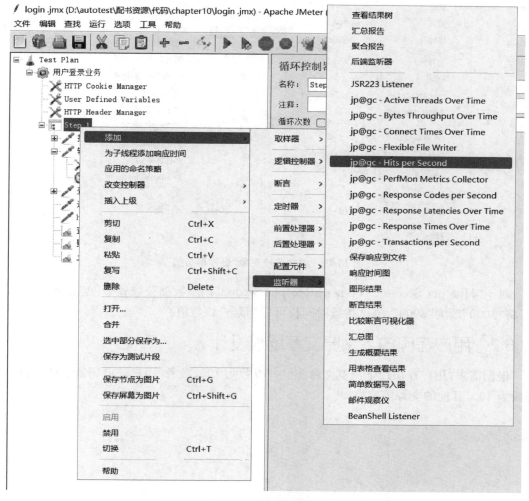

图 13.47　添加服务器监控对象

　　类似方法,添加"Hits per Second""Transactions per Second"等需要监控的服务器响应指标。
分别安装插件"5 Additional Graphs"和"jpgc - Standard Set ",添加监控对象"jp@gc-Hits
per Second"和"jp@gc-Transactions per Second",如图 13.48 和 14.49 所示。

图 13.48　添加监控对象"每秒点击数"

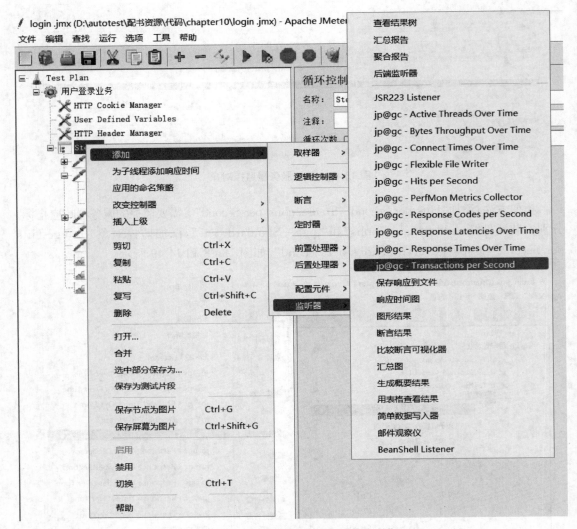

图 13.49　添加监控对象"每秒事务数"

对于"Hits per Second""Transactions per Second"调整数据获取频率,点击"Settings"按钮,将"1000"改为"3000",测试持续时间长可适当延长该数值。

13.6.2　用户在门户下浏览文章场景设计

根据需求,用户在门户下浏览文章测试并发数为 100,参考"用户登录场景设计",设置线程数为 100,其他的资源监控类似。

13.7　场景执行及结果分析

13.7.1　场景执行

场景执行前,需要对测试环境进行确认,确保所有环境,系统业务均能正常使用,执行前,启动相应的监控代理及 apache 和 mysql 服务。场景执行时,须在可控的测试环境下进行,当客户端性能不足时,需考虑提升客户端配置或分布线程数。对于服务器,需保证在性能测试过程中,服务器资源独享,除本次性能操作外任何人为操作均不允许。因此,性能测试实施最好选择用户使用较少的时候,尽可能降低对性能测试结果的干扰。

运行结束后,保存测试过程中生成的监控图,如系统资源使用率、Hits per Second、Transactions per Second,并记录断言结果,聚合报告结果等。

13.7.2　场景结果分析

场景运行结束后,需针对测试结果进行性能分析。通常而言,JMeter 性能测试结果分析可从性能测试指标达成方面着手,然后再分析测试过程中出现的异常情况,逐一判断是否存在性能风险。

（1）用户登录性能测试结果分析

① 响应时间

用户登录响应时间的目标指标是≤3s,结合测试脚本执行结束后聚合报告分析,如图 13.50 所示。

Label	# 样本	平均值	中位数	90% 百分位	95% 百分位	99% 百分位	最小值	最大值	异常 %	吞吐量	接收 KB/sec	发送 KB/sec
打开主页	100	64	58	80	87	108	46	116	0.00%	95.2/sec	1579.82	27.25
输入用户名和密...	100	175	169	239	247	278	117	284	0.00%	93.5/sec	155.59	87.54
登录成功返回主页	100	70	66	107	117	139	38	183	0.00%	95.7/sec	2539.75	81.76
退出登录	100	61	55	91	98	125	34	156	0.00%	94.0/sec	960.32	86.72
总体	400	93	69	177	201	248	34	284	0.00%	47.8/sec	656.77	33.26

图 13.50　用户登录性能测试聚合报告结果

从图 13.50 可以看出每个请求的平均响应时间为 64ms、175ms、70ms、61ms,用户登录过程中的每一个请求响应时间都满足目标指标要求,总体平均值为 0.093s,测试通过。

② 业务成功率

测试脚本中设置了断言,判断用户登录后是否出现"登录成功"字样,并设定了"断言结果"查看器,通过查看断言结果,全部通过,则说明登录全部完成,业务成功率为 100%,如图 13.51 所示。

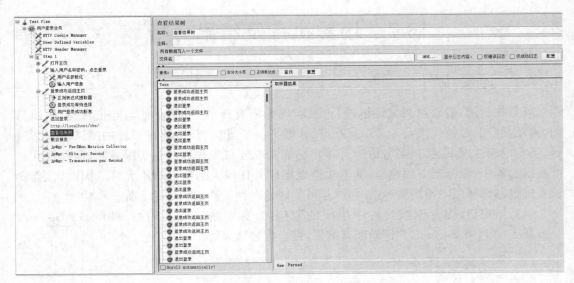

图 13.51　用户登录性能测试断言结果

③ 并发数

线程组设置为 100 个线程,运行过程中未出现任何异常,满足 100 个线程的并发操作需求。

④ 系统资源调用

利用 JMeter 监控系统资源,测试完成后结果如图 13.52 所示。

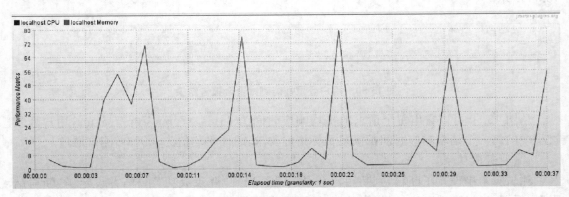

图 13.52　用户登录性能测试系统资源图

从图中可以看出,内存占用比较稳定,维持在 60% 左右,CPU 处于正常状态,因为本次测试时间较短,虽然波峰波谷明显,但均未超过 80%,因此测试结果符合预期指标。

通过上述测试指标分析,更新用户登录性能测试结果如表 13.4 所示。

表 13.4　用户登录性能测试结果对照表

测试项	结果属性	响应时间	业务成功率	并发数	CPU 使用率	内存使用率
登录	预期结果	≤3s	>95％	100	<80％	<80％
	实际结果	0.093	100％	100	不超过 80％	60％
	通过/失败	通过	通过	通过	通过	通过

（2）用户门户下浏览文章性能测试结果分析

① 响应时间

用户门户下浏览文章响应时间的目标指标是≤3 s，结合测试脚本执行结束后聚合报告分析，如图 13.53 所示。

Label	# 样本	平均值	中位数	90% 百分位	95% 百分位	99% 百分位	最小值	最大值	异常 %	吞吐量	接收 KB/sec	发送 KB/sec
进入校园新闻	600	63	49	118	163	286	22	403	0.00%	9.8/sec	131.29	6.52
登录	600	131	115	208	255	322	82	427	0.00%	9.7/sec	16.19	9.31
登录成功后...	600	102	54	260	325	451	23	567	0.00%	9.7/sec	136.73	8.59
查看新闻	600	131	64	336	427	545	26	736	0.00%	9.7/sec	183.18	8.54
退出登录	600	99	55	232	297	425	23	501	0.00%	9.7/sec	95.13	8.81
返回校园新闻	600	85	52	189	261	358	21	459	0.00%	9.7/sec	125.34	8.00
总体	3600	102	63	226	301	443	21	736	0.00%	52.3/sec	614.95	44.51

图 13.53　用户门户下浏览文章性能测试聚合报告结果

从图 13.53 可以看出，每个请求的平均响应时间为 63 ms、131 ms、102 ms、131 ms、99 ms、85 ms，用户门户下浏览文章过程中的每一个请求响应时间都满足目标指标要求，总体平均值为 0.102 s，测试通过。

② 业务成功率

测试脚本中设定了"查看结果树"，通过分析测试结果，业务成功率为 100％，如图 13.54 所示。

图 13.54　用户门户下浏览文章性能测试结果

③ 并发数

线程组设置为 100 个线程，运行过程中未出现任何异常，满足 100 个线程的并发操作需求。

④ 系统资源调用

利用 JMeter 监控系统资源,测试完成后结果如图 13.55 所示。

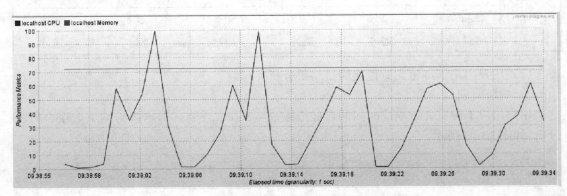

图 13.55 用户门户下浏览文章性能测试系统资源图

从图中可以看出,内存占用比较稳定,维持在 60% 左右,内存使用率满足预期。但是,在测试过程中 CPU 出现了冲高的现象,有时甚至达到了 100%。因此,从指标信息判断,本次测试 CPU 使用率不符合预期指标。

基于 CPU、内存使用率,分析响应时间图标,结果如图 13.56 所示。

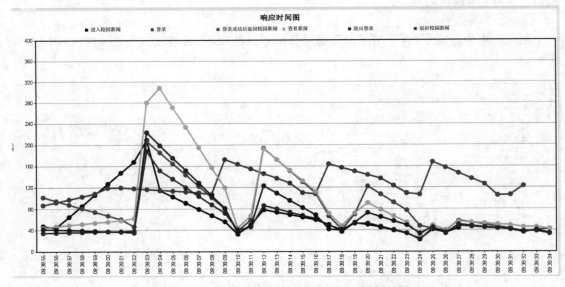

图 13.56 用户门户下浏览文章并发响应时间图

通过图 13.56,可知"查看新闻"在部分时间段响应时间升高,需测试工程师报告此问题,联合研发同事分析"查看新闻"涉及哪些具体操作,如是否操作数据库,是否需要大量缓存等,从而确定响应时间升高原因,是否因此导致 CPU 使用率升高。

通过上述测试指标分析,更新用户门户下浏览文章性能测试结果,如表 13.5 所示。

表 13.5　用户门户下浏览文章性能测试结果对照表

测试项	结果属性	响应时间	业务成功率	并发数	CPU 使用率	内存使用率
用户门户下浏览文章	预期结果	≤3 s	>95%	100	<80%	<80%
	实际结果	0.102 s	100%	100	>80%	60%
	通过/失败	通过	通过	通过	不通过	通过

13.8　性能调优及回归测试

测试结果分析完成后,即可进行性能问题确定与优化操作。通常情况下,系统出现性能问题的表象特征有以下几种。

(1)响应时间平稳但较长

测试一开始,响应时间就很长,即使减少线程数量,减少负载,场景快执行结束时,响应时间仍然很长。

(2)响应时间逐步变长

测试过程中,负载不变,但运行时间越长,响应时间越长,直至出现很多错误。

(3)响应时间随着负载变化而变化

负载增加,响应时间变长,负载减少,响应时间下降,资源使用率也下降。

(4)数据积累导致锁定

起初运行正常,但数据量积攒到一定量,立刻出现错误,无法消除,只能重启系统。

(5)稳定性差

特定场景或运行周期很长以后,突然出现错误,系统运行缓慢。

以上几种是在性能测试过程中容易出现的几种性能有问题的特征。一旦出现上述几种情况,基本可以判定系统存在性能问题。接下来即是针对具体问题具体分析,从而发现问题并提出解决办法。

响应时间长,系统越来越慢,出现业务错误,通常由以下几种情况造成。

(1)物理内存资源不足。

(2)内存泄漏。

(3)资源争用。

(4)外部系统交互。

(5)业务失败时频繁重试,无终止状态。

(6)中间件配置不合理。

(7)数据库连接设置不合理。

(8)进程/线程设计错误。

分析过程中,假设每一个猜想是正确的,然后逐一排除。

结合上述问题,本次性能测试过程中随机浏览门户文章时,出现了打开文章响应实际较长,某些指标未能满足预先设定情况,故本次性能测试不通过。

性能测试是个严谨的推理过程,一切以数据说话,在没有明确证据证明系统存在性能问题时，不可随意调整代码、配置，甚至是架构。因为一旦调整，就必须重新开展功能及性能回归测试，甚至可能影响现网业务。

性能调优后需做功能及性能的回归测试，从而保证调优活动正确完成，且未造成额外的影响。

附录 1

Miniconda 安装

Miniconda 的安装步骤如下：

（1）下载安装版本

打开 Miniconda 官网（地址 https://docs.conda.io/en/latest/miniconda.html），如图附 1.1 所示。

图附 1.1　Miniconda 的网站

根据本机操作系统以及需要的 python 版本选择文件下载，在本书中选择 Windows installers 中 python 3.8 对应文件"Miniconda3 Windows 64-bit"下载。

（2）安装 Miniconda

下载到本地后，双击文件，开始安装过程，如图附 1.2 至附 1.5 所示。在安装过程中需要勾选"add Miniconda3 to my PATH environment variable"。

（3）检查安装是否成功

在命令行中输入 conda，如图附 1.6 所示，表示 conda 安装完成，且成功添加入环境变量。安装完成后，打开电脑中的"开始"→"所有应用"，可以看到"Miniconda3（64-bit）"，如图附 1.7 所示。

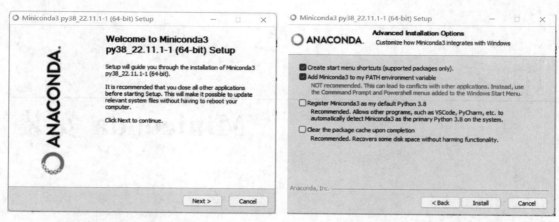

图附 1.2　Miniconda 安装过程 1　　　　图附 1.3　Miniconda 安装过程 2

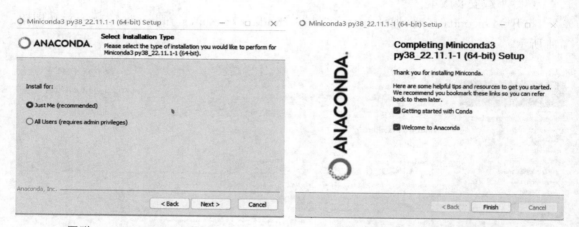

图附 1.4　Miniconda 安装过程 3　　　　图附 1.5　Miniconda 安装过程 4

```
C:\Users\zhangli>conda
usage: conda-script.py [-h] [-V] command ...

conda is a tool for managing and deploying applications, environments and packages.

Options:

positional arguments:
  command
    clean        Remove unused packages and caches.
    compare      Compare packages between conda environments.
    config       Modify configuration values in .condarc. This is modeled after the git config
                 command. Writes to the user .condarc file (C:\Users\zhangli\.condarc) by default.
    create       Create a new conda environment from a list of specified packages.
    help         Displays a list of available conda commands and their help strings.
    info         Display information about current conda install.
    init         Initialize conda for shell interaction. [Experimental]
    install      Installs a list of packages into a specified conda environment.
    list         List linked packages in a conda environment.
    package      Low-level conda package utility. (EXPERIMENTAL)
    remove       Remove a list of packages from a specified conda environment.
    uninstall    Alias for conda remove.
    run          Run an executable in a conda environment.
    search       Search for packages and display associated information. The input is a MatchSpec, a
                 query language for conda packages. See examples below.
    update       Updates conda packages to the latest compatible version.
    upgrade      Alias for conda update.

optional arguments:
  -h, --help     Show this help message and exit.
  -V, --version  Show the conda version number and exit.

conda commands available from other packages:
  content-trust
```

图附 1.6　命令行中输入 conda

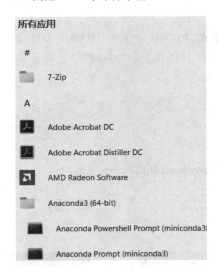

图附 1.7　Miniconda 安装成功

点击"Anconda Prowershell Prompt",输入 python,执行结果如图附 1.8 所示,说明 python3.8 已经自动安装成功。

```
Anaconda Powershell Prompt (miniconda3)                              —    □    ×

(base) PS C:\Users\zhangli> python
Python 3.8.13 (default, Mar 28 2022, 06:59:08) [MSC v.1916 64 bit (AMD64)] :
: Anaconda, Inc. on win32
Type "help", "copyright", "credits" or "license" for more information.
>>>
```

图附 1.8　"Anconda Prowershell Prompt"输入 python

附录2

PyCharm 安装与配置

PyCharm 是一种 Python 集成开发环境，带有一整套可以帮助用户在使用 python 语言开发时提高其效率的工具，比如调试、语法高亮、项目管理、代码跳转、智能提示、自动完成、单元测试、版本控制。

PyCharm 的安装步骤如下所示：

（1）下载安装版本

打开 PyCharm 官网（地址 https://www.jetbrains.com/pycharm/download/#section=windows），如图附 2.1 所示，选择社区版（Community）下载。如果需要其他版本，点击左侧的"Other versions"后再进行选择。

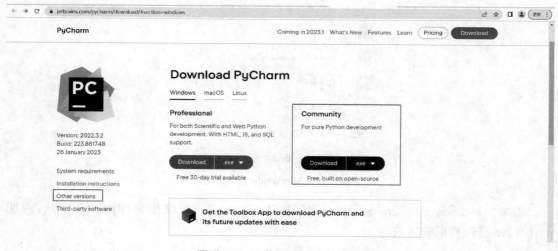

图附 2.1 下载 PyCharm 社区版

（2）安装 PyCharm

双击下载文件，开始安装过程，如图附 2.2 至图附 2.5 所示。

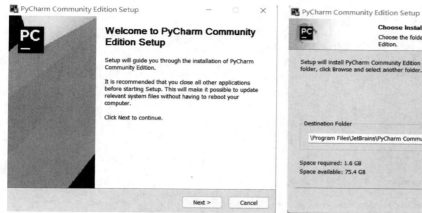

图附 2.2　**PyCharm 安装过程 1**

图附 2.3　**PyCharm 安装过程 2**

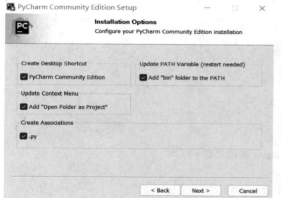
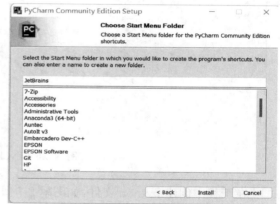

图附 2.4　**PyCharm 安装过程 3**

图附 2.5　**PyCharm 安装过程 4**

（3）使用 PyCharm

打开 PyCharm，在主界面单击新建工程，输入路径，选择 python 解释器（使用 Miniconda 安装的 python3.8），如图附 2.6 所示。

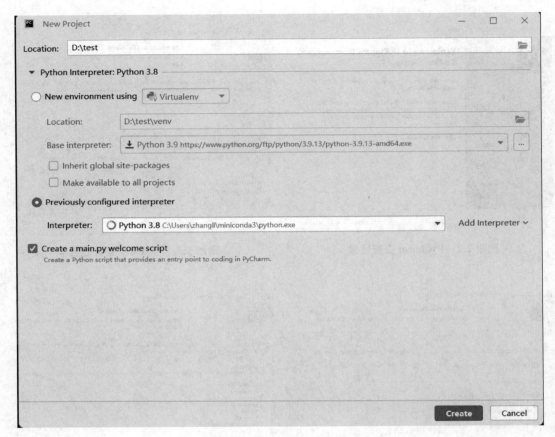

图附 2.6　PyCharm 创建工程

在工程中创建 python 文件，如图附 2.7 所示。

图附 2.7　PyCharm 创建 python 文件

参考文献

[1] 朱少民.全程软件测试[M].北京:人民邮电出版社,2019.

[2] 董昕,董瑞志,梁艳,等.软件质量保证与测试——原理、技术与实践(微课视频版)[M].北京:清华大学出版社,2022.

[3] 朱少民.软件质量保证和管理[M].北京:清华大学出版社,2007.

[4] GLENFORD J M,BADGETT T.软件测试的艺术[M].张晓明,译.北京:机械工业出版社,2012.

[5] BILL H.The complete guide to software testing[M]. New York:ACM,1993.

[6] CRISPIN L,GREGORY J.敏捷软件测试:测试人员与敏捷团队的实践指南[M].孙伟峰,崔康,译.北京:清华大学出版社,2010.

[7] 乔冰琴,郝志卿,孔德瑾,等.软件测试技术及项目案例实战——微课视频版[M].北京:清华大学出版社,2020.

[8] 江楚.零基础快速入行入职软件测试工程师[M].北京:人民邮电出版社,2020.

[9] 杨定佳.Pythonweb 自动化测试入门与实战[M].北京:清华大学出版社,2020.

[10] 威链优创.软件测试技术实战教程敏捷 Selenium 与 Jmeter 微课版[M].北京:人民邮电出版社,2019.

[11] 魏娜娣,李文斌,裴军霞.软件性能测试——基于 LoadRunner 应用[M].北京:清华大学出版社,2012.

[12] 周元哲.Python 测试技术[M].北京:清华大学出版社,2019.

[13] 陈振宇.软件测试[EB/OL].(2023 - 09 - 18)[2024 - 08 - 04]. http://www.icourse163.org/course/NJU - 1001773008? from = search page&outvendor = zw_mooc_pcssjg_.